Klaus Richarz

Säugetiere

Erkennen & bestimmen

Herausgegeben von Gunter Steinbach
Illustriert von
Fritz Wendler und Steffen Walentowitz

Ulmer

Inhalt

Seite

Waldmaus

Sizilienspitzmaus

Spielende Hermeline

Rehkitz

Zum Buch

Nur bei wenigen Bänden dieser Reihe war es möglich, alle europäischen wild lebenden Arten zu berücksichtigen. Beim vorliegenden Säugetierband gelang diese umfassende Darstellung für unseren Erdteil dadurch, dass rund 50 »ähnliche Arten« auf den Seiten 186/187 zusammengefasst wurden. Ihre Ähnlichkeit bezieht sich auf die im Bestimmungsteil beschriebenen »Hauptarten«, zu denen jeweils Seitenverweise führen.
Aktuelle Verbreitungskarten ergänzen die biologischen Basisinformationen jeder im Bestimmungsteil bebilderten Art. Verbreitungsgrenzen verlaufen bei Meeressäugern allerdings weit unbestimmter als bei Landtieren. Im Buch wurden die ständig in europäischen Meeren lebenden Robben und Waltiere, aber auch einige hier nur gelegentlich »auftauchende« Arten berücksichtigt.
Wer hätte gedacht, dass noch in unserer Gegenwart eine bisher nicht beschriebene europäische Säugetierart entdeckt und wissenschaftlich bestätigt wurde? Es

Beutegreifer: Hermelin überwältigt Wanderratte.

Dauerhaft eingebürgert: Waschbären stammen aus Amerika.

handelt sich nicht um einen Erstfund des sagenhaften Säugermix »Wolpertinger«, sondern um ein nicht einmal daumengroßes Fledertier, die Mückenfledermaus mit einem Köpergewicht von rund 5 Gramm. Sie kommt auch in Deutschland vor und wird auf S. 42 beschrieben.
Die durch die Evolution begründete verwandtschaftliche Nähe zwischen Mensch und Säugetier (s. S. 6) birgt längst nicht ausgeschöpfte Möglichkeiten der Kommunikation und des friedlichen Zusammenlebens auf der allen Lebewesen eigenen Erde. Bisher missbrauchte der Mensch die Möglichkeiten seiner Verstandeskraft zu oft zum Schaden ihm biologisch nahestehender Arten.
An Haustieren kann jeder einfühlsame Tierhalter eine seelische Fähigkeit der Säuger erleben, die in der gesamten übrigen Tierwelt, und das ist ihr weitaus größter Teil, nicht vergleichbar entwickelt ist: bedingungslose Zuneigung und Treue. Sie werden nicht nur innerartlich gelebt, sondern schließen uns Menschen ein. Die Primaten wurden hochmütig unsere »peinlichen Verwandten« genannt. Peinlich für uns? *Gunter Steinbach*

Einführung

Besondere Beziehungen

Viel stärker als bei anderen Tiergruppen hat der Mensch nachhaltigen Einfluss auf Säugetier-Bestände genommen. Wichtigste Ursachen hierfür dürften die Räuber-Beute-Beziehung sowie eine Nahrungskonkurrenz zu vielen Säugetierarten sein. Seit ihrer Frühgeschichte verfolgten und jagten Menschen große und mittelgroße Säuger zur Fleischgewinnung, um aus Fellen und Häuten Kleidung, aus Knochen Werkzeuge zu fertigen, aber auch zur Gewinnung vermeintlicher Heilmittel (z.B. Steinbock). Der Heilaberglaube resultiert letztlich aus den engen Beziehungen von uns Menschen zu den Säugetieren und unserem Bedürfnis, uns von Tieren besondere Eigenschaften anzueignen.

Verwandtschaftliche Bande

Biologisch sind wir selbst Angehörige der Klasse der Säugetiere, die im Vergleich zu anderen Wirbeltieren in ihren Empfindungs- und Ausdrucksmöglichkeiten weit fortgeschritten und von denen viele Arten deutlicher, aber auch erstaunlich differenzierter Reaktionen fähig ist. Säugetiere setzen zur Verständigung innerhalb ihrer Art optische, akustische und geruchliche Signale in großer Zahl ein, um über Geschlechts-, Gruppen- wie Alterszugehörigkeit, Status, Territorium, Stimmung oder Individualität Auskunft zu geben. Selbst einzelgängerisch lebende Säugetiere bedürfen für ihre artgemäße Entwicklung in frühen Lebensphasen oder zu bestimmten Zeiten ausgeprägter Sozialkontakte.

Neben dem Zusammenfinden der Geschlechter zur Paarung, das auch bei allen anderen Tierklassen unverzichtbar gelingen muss, besteht bei den Säugetieren eine zunächst ernährungsbedingte starke Abhängigkeit der Jungen (Säuglinge!) von ihren Müttern. Anders als bei den meisten anderen Tiergruppen kommt kein Junges ohne die anfängliche Hilfe für seine Ernährung nach der Geburt aus.

Diese existentielle Abhängigkeit bedeutet ein starkes Band, das es vor allem den entwicklungsgeschichtlich jüngeren, also komplexer organisierten Arten ermöglicht, über die biologisch enge Mutter-Kind-Beziehung hinaus wichtige, nicht als Erbgut voll ausgebildete Fähigkeiten sowie erworbene Erfahrungen an den Nachwuchs weiterzureichen. Fischotter und Seehunde etwa lernen von ihren Eltern und anderen erwachsenen Tieren das ihnen nicht angeborene Schwimmen und Tauchen. Die mütterliche, elterliche oder Gruppen-Fürsorge um den Nachwuchs wie auch dessen Spielfreudigkeit und Erkundungsdrang in sensiblen Phasen des Aufwachsens zählen zu den anrührensten Erlebnissen bei der Beobachtung von Säugetieren.

Lebensnotwendige Zuneigung: Rotwildtier (Hirschkuh) mit säugendem Kalb.

Konkurrenz und Vereinnahmung

Säugetiere waren und sind uns Menschen nie gleichgültig. Viele Arten konkurrier(t)en vermeintlich oder tatsächlich mit uns um Nahrungsressourcen. Pflanzenfresser unterscheiden nicht zwischen natürlicher Vegetation und Kulturpflanzen. Fleischfresser leben vielfach von Arten, die auch für den Menschen als Nahrung in Betracht kommen. Kleinsäuger können als Vorratsschädlinge und Krankheitsüberträger (z.B. die Pest durch Ratten) eine Rolle spielen.

Das Verschwinden der Großraubtiere aus Mitteleuropa ist zunächst ausschließlich auf ihre direkte Verfolgung zurückzuführen. Der Ausrottungsfeldzug gegen die »bösen Feinde« Bär, Wolf und Luchs eskalierte zur Staatsaufgabe. Aber auch Pflanzenfresser, vor allem die großen Weidetiere, wurden stark zurückgedrängt oder zum Aussterben gebracht. So sind die Stammarten vieler Haustiere, wie Wildesel und Wildziege, fast oder, wie Ur und Tarpan, vollständig ausgerottet. Abgesehen vom Reh waren schon seit dem Mittelalter die Bestände aller größeren heimischen Landsäugetiere stark dezimiert.

Die heute vielerorts überhöhten Bestandsdichten einiger Schalenwildarten sind nicht das Ergebnis von Artenschutzbemühungen, sondern in erster Linie auf die Jagdleidenschaft vieler Menschen zurückzuführen (»Wildhege«). Jagdliches Interesse stand meistens auch für lokale Wiederansiedlungsmaßnahmen oder für die Einbürgerung gebietsfremder Säuger. Damit verbunden waren und sind teilweise negative Auswirkungen auf Arten, auf Artengemeinschaften oder Lebensräume, etwa durch Vermischung von Unterarten und Ökotypen hervorgerufene Faunenverfälschung. Trotzdem bleibt festzuhalten, daß jagdliche Interessen einigen Großsäugern wie dem Rothirsch ein Überleben in stark nutzungsorientierten Räumen ermöglichen. Damit nicht selten verbundene waldbauliche Probleme entstehen, wenn z.B. jahreszeitliche Wanderungen des Rotwilds durch Landschaftsveränderungen nicht mehr möglich sind.

Überregionale Gefährdungsgründe

Das Aussterben sowie der Arten- und Bestandsrückgang europäischer Säugetiere sind heute vor allem auf den Schwund geeigneter Lebensräume zurückzuführen. Neben der urbanen und industriellen Nutzung von immer mehr Flächen tragen Verkehr, »Schädlings«-Bekämpfung in unsachgemäßer Weise, aber auch manche Formen der Land-, Forst-, Wasser-, Teich- und Fischereiwirtschaft zum Artenrückgang bei. Naturschädigende Formen von Tourismus und Erholung sowie leider auch noch die direkte Verfolgung gefährdeter Säugetierarten müssen als weitere Rückgangsursachen genannt werden.

Bei der Betrachtung der Gefährdungssituation aus internationaler Perspektive wird deutlich, dass die extrem hohe Inanspruchnahme von Flächen in Mitteleuropa in direkter Beziehung zur existentiellen Bedrohung von Säugetierarten steht. Nur ein auf die Bedürfnisse der betroffenen Arten abgestimmter Biotop- und Populationsschutz kann hier helfen. Wirksamer Säugetierschutz wird dauerhaft nur durch einen umfassenden Ressourcenschutz erreicht.

Schutz und Hilfe

Die rechtlichen Grundlagen zum Schutz wildlebender Säugetiere lassen sich aus den nationalen Bestimmungen des Natur-, Tierschutz- und Jagdrechts sowie europarechtlicher Vorschriften ableiten, die Hilfsbedürftigkeit der einzelen Arten ergibt sich aus ihrer Stellung in den nationalen und internationalen Roten Listen der gefährdeten Arten.

Das Washingtoner Artenschutz-Übereinkommen, das den Handel mit gefährdeten Arten freilebender Tiere und Pflanzen regelt, wird durch die EG-Verordnung Nr. 338/97 als unmittelbar geltendes Recht für alle Mitgliedsstaaten umgesetzt.

Die FFH-Richtlinie (Flora-Fauna-Habitat-Richtlinie) von 1992 ist das erste umfassende Rahmengesetz zum Lebensraum- und Artenschutz der Europäischen Union, das als Hauptziel »die Erhaltung der biologischen Vielfalt« bzw. »einen günstigen Erhaltungszustand der natürlichen Lebensräume und wildlebenden Tier- und Pflanzenarten von gemeinschaftlichem Interesse« nennt. Dazu wird derzeit auf

Alte Heimatrechte: Der Biber konnte dank umfassender Hilfsmaßnahmen an einigen deutschen Flüssen dauerhaft wiederangesiedelt werden.

nationalen und regionalen Entscheidungsebenen ein passendes europäisches Netz besonderer Schutzgebiete mit der Bezeichnung »Natura 2000« eingerichtet.

Weitere, für den grenzübergreifenden Säugetierschutz wichtige Vorschriften sind das »Übereinkommen zur Erhaltung der wandernden wildlebenden Tierarten« (Bonner Konvention) oder die Abkommen zum Schutz der Seehunde im Wattenmeer, zur Erhaltung der Kleinwale in Nord- und Ostsee, zur Regelung des Walfangs und zur Erhaltung der Fledermäuse in Europa. Die aktive Mitarbeit und Begeisterungsfähigkeit vieler Bürger, beispielsweise im Fledermausschutz, zeigt, dass keineswegs nur die bunten Vögel, sondern auch die eher im Verborgenen lebenden Säugetiere eine Lobby für ihren Schutz finden können.

Jeder einzelne ist dazu aufgerufen, seinen persönlichen Beitrag für die Erhaltung unserer nächsten Tierverwandten in Europa und darüber hinaus zu leisten. Nationalparks ermöglichen Einblicke in das natürliche Verhalten von Säugetieren, die dort weitgehend frei von Verfolgungsdruck leben. Die vielen kleinen und größeren Säugetierarten, die als wildlebende Mitbewohner unser Lebensumfeld teilen, sind auf Toleranz und Verständnis ebenso angewiesen wie unsere Haus- und Nutztiere.

Insektenfresser und Beuteltiere

Die Insektenfresser repräsentieren eine alte und große Ordnung der Säugetiere mit heute 6 Familien, 56 Gattungen und rund 360 Arten. Lange Zeit galten sie als Stammform der übrigen Höheren Säugetiere. Dagegen spricht die hohe Spezialisierung der meisten Insektenfresser-Arten. Ihre Nasen sind häufig rüsselförmig verlängert und sehr beweglich. Das einfach gebaute Gehirn weist viele ursprüngliche Merkmale auf. Insektenfresser haben einen sehr ausgeprägten Geruchssinn, manche Arten besitzen die Fähigkeit zur Echoortung. Die meisten ernähren sich von Insekten, manche auch von anderen Wirbellosen und von Wirbeltieren. Insektenfresser leben oberirdisch oder im Wasser oder sie graben im Boden.
Beuteltiere entstanden vor rund 100 Millionen Jahren. Sie entwickelten sich parallel zu den Höheren Säugetieren und besiedeln heute mit über 270 Arten unterschiedlichste Lebensräume in Australien, Tasmanien, Neuguinea bis Sulawesi und Timor, Mittel- und Südamerika sowie Teilen Nordamerikas (Opossums). Beuteltierjunge werden sehr unreif geboren und entwickeln sich im Beutel an Milchzitzen.

Europäischer Igel

Europäischer Igel *Erinaceus europaeus*

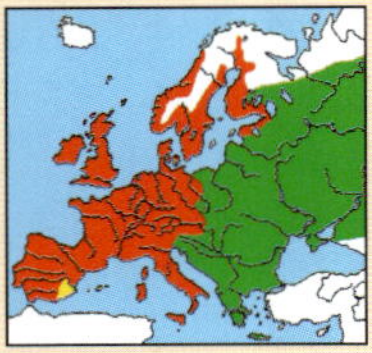

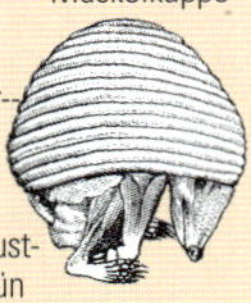

Merkmale: Unverwechselbar; KRL 25-30 cm, SL 2-4 cm, G 400-1100 g; ab Stirn auf Rücken inkl. Flanken Stachelkleid aus etwa 16000 2-3 cm langen, 1 mm dicken graubraunen Stacheln mit hellen Spitzen; Kopf, Unterseite und Beine mit hell- bis dunkelbraunen Haaren bedeckt, in variablen Farbmustern vorkommend.

Verbreitung: S-, W-, M.- und Teile von N-EU; an der Verbreitungsgrenze (Ostsee bis Adria) Überlappung mit dem Weißbrustigel (s. Karte).

Lebensweise: Unterwuchsreiche Laub- und Mischwälder, Waldränder, Feldflur mit Gehölzen, vor allem auch Siedlungsraum mit Gärten, Streuobstwiesen und Parks sind der Lebensraum des E.I. Die wenig scheuen, dämmerungs- und nachtaktiven Tiere werden durch ihr Verteidigungsverhalten (Zusammenrollen zu einer Stachelkugel durch ruckartiges Zusammenziehen ihres Muskelpanzers) leicht zu Opfern des zunehmenden Straßenverkehrs, zumal die Allesfresser mit Neigung zur Insektenkost sich besonders gern in dörflichen Strukturen mit Gärten und in Gartenstadtteilen bewegen. Komposthaufen, herumstehendes Katzen- und Hundefutter oder die Massenvermehrung von Nacktschnecken ziehen E.I. an. Sie lassen sich hauptsächlich von ihrem ausgezeichneten Geruchssinn leiten. E.I. bevorzugen für ihre Aktivitäten Temperaturen zwischen 8 und 20 °C. Da mangelnde Feuchtigkeit die Aktivitäten ihrer Wirbellosen-Beute beschränkt, fallen in Trockenperioden v.a. im Mittelmeerraum E.I. in eine Sommerruhe. Nur die ♀ sind während der Fortpflanzungsperiode strikt ortstreu mit Revieren von 3-5 ha. Dagegen wechseln ♂ regelmäßig ihren Lebensraum. Die ♀ haben bis zu 2 Würfe pro Jahr mit 3-8 Jungen nach einer Tragzeit von 31-37 Tagen.

Wissenswertes: Während der Geburt sind die Erstlingsstacheln in die wasserreiche, angeschwollene Haut eingebettet. Als einzige Vertreter der Insektenfresser halten E.I. einen echten Winterschlaf in einem ausgepolsterten Nest unter einem Versteck. Die volkstümlichen Bezeichnungen Hunds- und Schweinsigel beschreiben nicht 2 verschiedene Arten, sondern den unterschiedlichen Ernährungszustand vor und nach dem Winterschlaf. **§!**

Ähnlich: **Wanderigel** *Atelerix algirus* (ohne Bild), sehr ähnlich dem Europ. Igel, aber etwas kleiner, Stacheln dünner, auf der Stirn gescheitelt; Unterseite heller, Körperseiten dunkelbraun; große, lange Ohren, längere Schnurrhaare; lebt in Siedlungsnähe und in Hecken bis Halbwüsten; Südrand der Iber. Halbinsel, Malta, Balearen, NW-Afrika; in S-Frankreich ausgestorben. *Auf V-Karte gelb!*

Weißbrustigel, Ostigel *Erinaceus concolor* (Foto S. 13 u.l.), weiße Kehle und Brust; O- und SO-EU, überlappt sich in NO-Italien, W-Slowenien, Österreich, Tschechien, Polen und N-Russland mit dem Europ. Igel. **RL!** *Auf Verbreitungskarte grün!*

Langohrigel *Hemiechinus auritus* (Foto unten), besonders große u. bewegliche Ohren; in Wüsten, Steppen und steinigen Halbtrockengebieten von Asien, westl. bis zum Asowschen Meer; im südl. Kaukasus und auf Zypern nachgewiesen.

Igellosung

Nest

Alpenspitzmaus *Sorex alpinus*

FAMILIE SPITZMÄUSE

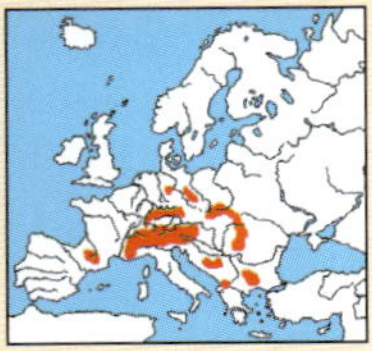

Merkmale: Mittelgroß; KRL 6,2-8,7 cm, SL 6-7,6 cm, G 5-11 g; gleichmäßig schiefergrau mit hellerer Bauchseite, Füße und Ohren mit weißen Härchen bedeckt, rosa wirkend; von gleich großer Waldsp. durch grazileren Körperbau und sehr langen Schwanz unterscheidbar; Zähne mit dunkelroten Spitzen.
Verbreitung: Nur in EU.
Lebensweise: Trotz ihres Namens ist die A. nicht an höhere Lagen gebunden. Hauptlebensraum sind feuchtkühle Zwischenräume von Steinen und Felsspalten, in denen sie auf Wirbellose Jagd macht. Anders als die übrigen *Sorex*-Arten vermehren sich A. schon im 1. Jahr. Nach 19-21 Tagen Tragzeit bringt das ♀ 3-9 Junge zur Welt. **RL, §!**

Waldspitzmaus *Sorex araneus*

FAMILIE SPITZMÄUSE

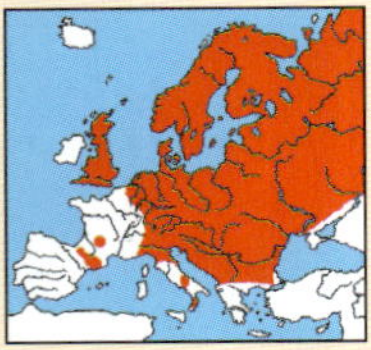

Merkmale: Mittelgroß; KRL 6,6-8.8 cm, SL 3-5,7 cm, G 7-13 g; weiches, glänzendes Fell, Oberseite dunkelbraun, Flanken heller, Bauch weißlich grau.
Verbreitung: In M.-EU häufigste Spitzmaus, fehlt auf Irland, Island, großen Teilen der Iberischen Halbinsel und Mittelmeerinseln.
Lebensweise: Sehr anpassungsfähig, kommt in Wäldern, Sümpfen, Verlandungszonen, dichtem Gras, Hecken, Feldern, Siedlungsgebieten und Gebirgen (bis in 2000 m Höhe) vor; einzelgängerisch, tag- und nachtaktiv, bewohnt bevorzugt verlassene Wühlmaus- und Maulwurfsgänge.
Wissenswertes: Der hohe tägliche Nahrungsbedarf während der bis zu 15 Aktivitätsperioden entspricht etwa 2000 Käfern von 5 mm Länge! **§!**
Zeichg.⇨Umschlag *Ähnliche Arten:* ⇨S.186.

Zwergspitzmaus *Sorex minutus*

FAMILIE SPITZMÄUSE

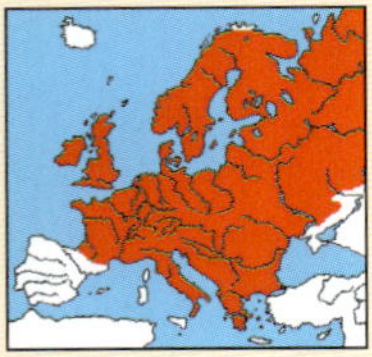

Merkmale: Ähnlich der Waldsp., aber viel kleiner; KRL 4,2-6,2 cm, SL 3,3-4,6 cm, G 2,5-6 g; Rücken und Flanken graubraun, Bauchseite grauweiß, Schwanzoberseite braun, -unterseite weißlich.
Verbreitung: In EU und N-Asien bis zum Baikalsee und Himalaja.
Lebensweise: Z. leben nur 1,5 Jahre, pflanzen sich im 2. Jahr fort. Sie zeigen nur wenig Grabetätigkeit. V. a. Spinnen, Weberknechte und Käfer werden gejagt. Weil diese im Winter nur spärlich vorkommen, besetzen Z. viel größere Territorien (bis zu 1860 qm) als Waldsp. (bis zu 500 qm).
Wissenswertes: Wie die Waldsp. zeigt die Z. im Winter eine Größen- und Gewichtsreduktion, bei der Organe, Wirbel und sogar die Schädelkapsel wieder kleiner werden. **§!**

Schabrackenspitzmaus *Sorex coronatus*

FAMILIE SPITZMÄUSE

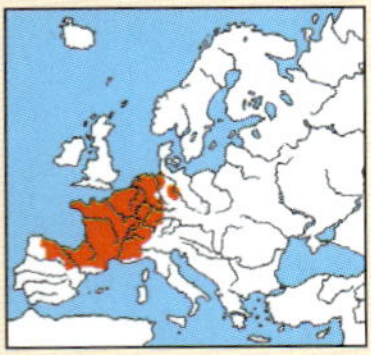

Merkmale: Sehr ähnlich der Waldspitzmaus, jedoch etwas kleinerer Körper und längerer Schwanz; KRL 6,8-8 cm, SL 3,8-5,7 cm, G 6-12 g; während in D die S. einen dunklen Rücken aufweist, der stark mit den hellen Flanken kontrastiert (Schabracke!), fehlt dieses Merkmal bei einigen Populationen in der Schweiz.
Verbreitung: Nur in EU, von N-Spanien, Frankreich und der Schweiz bis in die Niederlande und D (Rheinland, Saarland, Hessen, Thüringen).
Lebensweise: S. bevorzugen eine bodendeckende Pflanzenschicht, besiedeln aber auch trockenere Bereiche der Kultursteppe, in denen die Waldsp. fehlt. Die Lebensansprüche gleichen weitgehend denen der Waldsp. S. breiten sich offensichtlich in östlicher Richtung aus, verdrängen dabei die Waldsp., meiden aber Gebirge. **§!**
Ähnliche Art: ⇨S.186.

Wasserspitzmaus *Neomys fodiens*

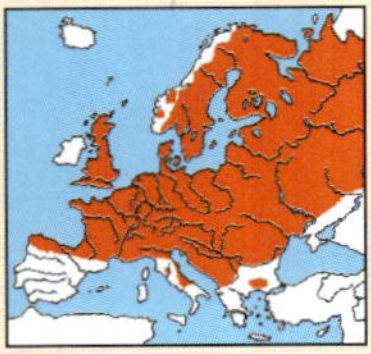

Merkmale: Verhältnismäßig groß; KRL 7-9,6 cm, SL 4,6-7,7 cm, G 10-22 g; Fell dicht, samtartig; zweifarbig mit schiefergrauer bis schwarzer Oberseite und weißem Bauch; Ohren fast vollständig im Fell verborgen; als Anpassung an das Wasserleben eine Reihe harter Härchen an der Schwanzunterseite, eine Art Ruder bildend; am Außenrand der großen Füße ebenfalls ein weißlicher Schwimmborstensaum (kleine Fotos).
Verbreitung: M.- und N-EU, von N-Spanien mit Ausnahme des Balkans bis zum Baikalsee.
Lebensweise: W. leben an und im Wasser. Ein Großteil der Nahrung (Wasserinsekten, Larven, Würmer, Schnecken, kleine Krebse, junge Fische, Frösche, Molche, Kleinsäuger) wird schwimmend und tauchend erbeutet (Tauchtiefe bis zu 50 cm, Tauchlänge bis 24 Sekunden). Die tag- und nachtaktiven Tiere gehen alle 2-3 Stunden auf Jagd, um dazwischen in selbstgegrabenen Bauen oder ufernahen Maulwurf- oder Mäusegängen zu ruhen. Gangsysteme und Baue haben immer einen Ausgang zum Wasser.
Wissenswertes: Ausgefressene Schneckenhäuser und Ansammlungen von Fischgräten am Ufer verraten die Anwesenheit der W. Die Tiere tragen auch Beutetiere als Vorrat in Verstecke. W. sind sehr stimmfreudig und geben zwitschernde und trillernde Laute von sich. Ihre Paarungszeit beginnt Ende II und dauert bis VIII/IX. Mit Beginn der Entwöhnung besetzen und verteidigen die Jungen ein eigenes Territorium. Wie auch andere Spitzmäuse (⇨S.14) können W. durch eine zeitlich befristete Größeneinbuße während der schlechten Jahreszeit ihren Nahrungsbedarf verringern. Im Frühjahr legen die ♂ auf der Suche nach paarungswilligen ♀ oft große Strecken entlang der Gewässerufer zurück. Die Paarungsspiele finden im Wasser statt. Nur bei der Paarung sind ♂ und ♀ zusammen, ansonsten verhalten sich W. untereinander sehr aggressiv. Zu ihren Feinden zählen Waldkauz, Schleiereule, Hermelin, Mauswiesel und Hecht. **RL, §!**

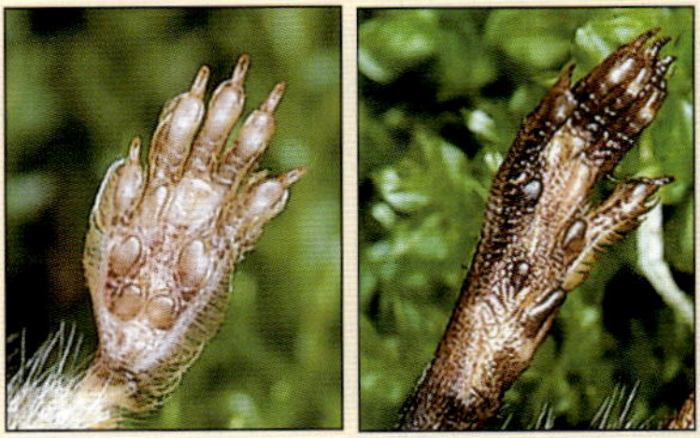

Sumpfspitzmaus *Neomys anomalus*

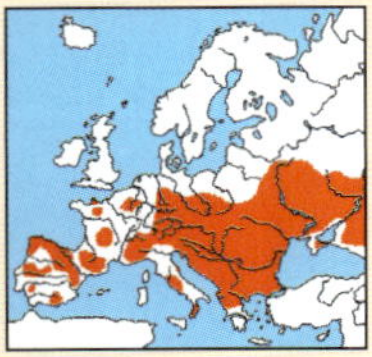

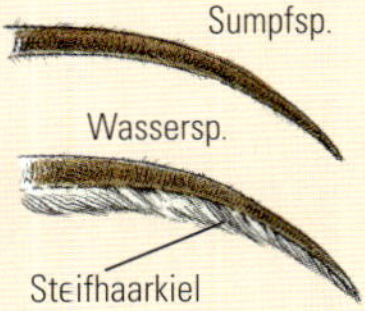

Merkmale: Sehr ähnlich der Wassersp., aber etwas kleiner, Schwanz rund und kürzer; KRL 6,4-8,8 cm, SL 4,2-6,4 cm, G 8-16 g; Fell immer zweifarbig, oben schiefergrau bis schwarz, unten weißlich; im Vergleich zur Wassersp. geringere Anpassungen ans Wasserleben: an der Schwanzunterseite Schwimmborstensaum lediglich angedeutet, nur schwach ausgebildeter Borstensaum an den kleinen Hinterfüßen.
Verbreitung: Von Pyrenäen ostwärts bis Ukraine, Balkan und Kleinasien in isolierten Teilarealen.
Lebensweise: Die S. lebt ähnlich wie die Wassersp., ist allerdings weniger ans Wasser gebunden. Ungefähr 50 % ihrer Nahrung bestehen aus wirbellosen Wassertieren, die sie tauchend erbeutet. S. kommen auf sumpfigen, feuchten Wiesen, in Mooren, an kleinen Rinnsalen in Mittelgebirgsregionen, auf feuchten Almwiesen bis in 2000 m Höhe, aber auch in feuchten Schluchtwäldern sowie in Gebäuden vor.
Wissenswertes: S. stellen wahrscheinlich die ursprüngliche Form dar, aus der die Wassersp. als spezialisiertere Art hervorging. **RL, §!**

Schwanz mit Borstensaum

Feldspitzmaus *Crocidura leucodon* FAMILIE SPITZMÄUSE

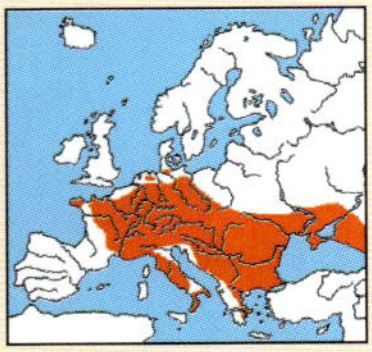

Merkmale: Mittelgroß; KRL 6,4-8,7 cm, SL 2,8-4,1 cm, G 6-13 g; im Allgemeinen von anderen Arten der Gattung *Crocidura* durch ihr zweifarbiges Fell unterscheidbar: Oberseite dunkel graubraun bis schiefergrau, helle Unterseite weißlich grau, von der Oberseite scharf abgesetzt; Schwanz etwas kürzer als bei der Haussp., zweifarbig mit einzeln stehenden, langen Wimperhaaren, oberseits wie der Rücken gefärbt, unterseits weißlich; Ohrmuscheln deutlich aus dem Fell ragend.
Verbreitung: Von Frankreich ostwärts bis Vorderer Orient, nördliche Verbreitungsgrenze in M.-EU.
Lebensweise: Ähnlich der Haussp.; trockene, sonnige Biotope, auch in Ortslagen, im Winter auch in Gebäuden; Paarungszeit III-IX. **§!**
Ähnliche Arten: ⇨S.186.

Hausspitzmaus *Crocidura russula* FAMILIE SPITZMÄUSE

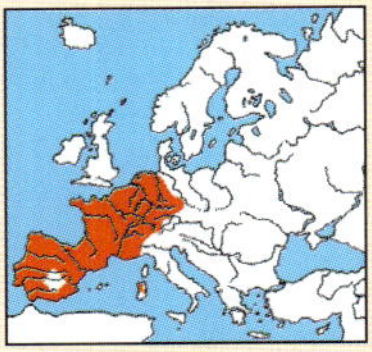

Merkmale: Mittelgroß; KRL 6,1-8,6 cm, SL 3-4,6 cm, G 6-14 g; Oberseite grau- bis rotbraun mit silbrigem Schimmer, Unterseite viel heller, ohne klare Farbabgrenzung; Schwanz mit einzelnen, lang abstehenden Haaren; Ohren äußerlich sichtbar.
Verbreitung: W- und M.-EU, NW-Afrika.
Lebensweise: Ausgesprochener Kulturfolger; zumindest im Herbst und Winter bevorzugt in Siedlungen, auch ganzjährig in Stallanlagen, Scheunen, Häusern; im Mittelmeerraum in Buschwäldern und verwilderten Weinbergen.
Wissenswertes: H. haben relativ kleine Streifgebiete von 50-400 qm und sind im Winter ausgesprochen verträglich; gelegentlich sind ganze Gruppen in einem Nest anzutreffen. **§!**
Ähnliche Arten: ⇨S.186.

Gartenspitzmaus *Crocidura suaveolens* FAMILIE SPITZMÄUSE

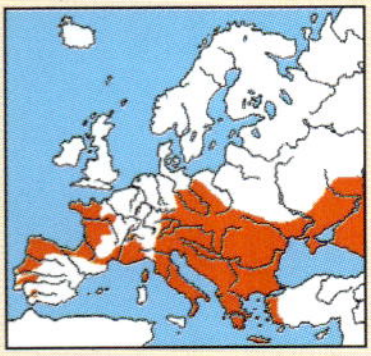

Merkmale: Sehr ähnlich der Haussp., aber KRL nur 5,1-7,7 cm, SL 2,7-4,4 cm, G 3-8 g.
Verbreitung: SW- und M.-EU bis S-Polen, SO-EU bis mittleres Asien.
Lebensweise: Ähnlich der Haussp.; bevorzugt wärmebegünstigte Gebiete, häufig im offenen Flachland, in Brachland, Gärten, Hecken und Siedlungen, im Winter auch in Gebäuden.
Wissenswertes: Wie bei der Feldsp. ist auch bei der G. eine »Karawanenbildung« nachgewiesen: Bei Beunruhigung versuchen die Jungen durch Festbeißen in der Schwanzwurzel des ♀ mit zu flüchten. Wenn sie sich dabei jeweils in der Schwanzwurzel des »Vordermannes« verbeißen, entsteht die Karawane.
Während die Unterfamilie der *Soricinae* mit den Gattungen *Sorex* und *Neomys* rote Zahnspitzen haben, sind die *Crocidurinae* (Weißzahn- oder Wimperspitzmäuse) weißzähnig.

Wimper- od. Etruskerspitzmaus *Suncus etruscus* SPITZMÄUSE

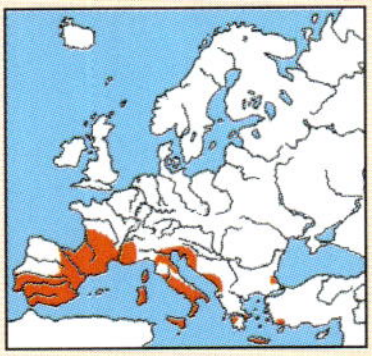

Merkmale: KRL 3,5-5,3 cm, SL 2,4-2,9 cm, G 1,5-2,2 g; Oberseite rötlich graubraun getönt, Unterseite hellgrau; schwarzbrauner, mit einzeln stehenden, langen Wimperhaaren besetzter Schwanz.
Verbreitung: In EU nur im Mittelmeergebiet; ferner von Kleinasien bis Afghanistan, N-Afrika.
Lebensweise: Im Kulturland mit alten Weinbergen, Olivenhainen, Gärten und Steinmauern, in alten Häusern, auch in Buschwäldern und an Bachrändern. Die überwiegend nachtaktiven W. können geschickt klettern. Ihre Nahrung besteht vor allem aus Insekten und deren Larven.
Wissenswertes: Die W. ist das kleinste Säugetier in EU und (neben der thailändischen Hummelfledermaus) eines der kleinsten der Welt. Das Geburtsgewicht der Jungen beträgt gerade mal 0,18-0,22 g. Bei plötzlichen Kälteeinbrüchen können W. für mehrere Stunden in Lethargie fallen. **RL,§!**

Maulwurf *Talpa europaea*

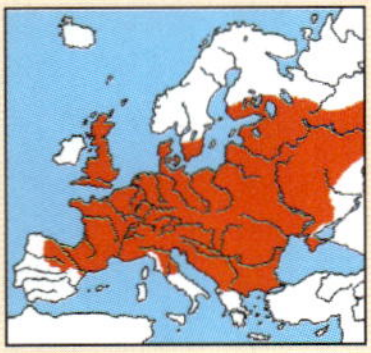

Merkmale: KRL 11-16 cm, SL 2-4,2 cm, G 60-130 g; von allen heimischen Säugern am perfektesten an ein Leben unter der Erde angepasst; walzenförmiger Körper, kurze, kräftige Vorder- und Hinterfüße; Vorderfüße zu »Grabeschaufeln« umgebildet; Schnauze rüsselartig verlängert, winzige Augen, Ohrmuscheln fehlen; dichtes, samtartiges Fell, dessen Haarstruktur und -wuchs verhindern, dass Erde und Wasser bis zur Haut durchdringen; fehlender Haarstrich erleichtert das Rückwärtsgehen in Gängen.
Verbreitung: Eurasien von Großbritannien bis Sibirien.
Lebensweise: Weil M. ihre eigenen Gangsysteme graben, in denen sie leben und mithilfe ihres ausgezeichneten Geruchs- und Tastsinns nach Nahrung (v.a. Regenwürmer, aber auch Insekten, Larven, Tausendfüßer, Schnecken) suchen, hängt ihr Vorkommen von der Bodenbeschaffenheit ab (locker, feucht). Die strikten Einzelgänger treffen sich nur zur Paarungszeit (IV-VI), wobei sich ♂ erbittert bekämpfen. Feinde des M., der auch gut schwimmen kann, sind Fuchs, Marder, Dachs, Wildschwein, Bussard, Uhu, Waldkauz, Schleiereule und Weißstorch.

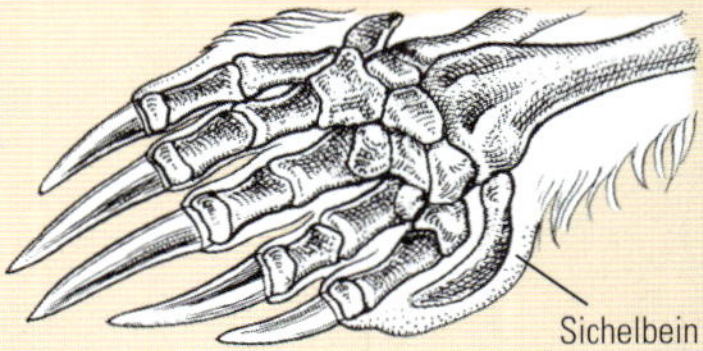

Wissenswertes: M. werfen das Aushubmaterial ihrer Gänge als Maulwurfshaufen (ca. 10-20 cm groß) auf. Deren Lage zeigt den Verlauf der Gänge (meist in 5 bis 50 cm Tiefe), die weit verzweigt und bis zu 200 m lang sein können. Unter großen Hügeln befinden sich die Sommernester, in denen die jeweils 2-9 nackten, blinden, nur etwa bohnengroßen Jungen geboren werden. Unter sehr großen Hügeln (80-100 cm) liegen die Winterburgen mit Nest und Vorratskammern. In letzteren lagern als Wintervorrat große Mengen an Regenwürmern, die vom M. durch einen Biss bewegungsunfähig gemacht wurden. **§!**
Ähnliche Arten: ⇨ S. 186.

▽ Vorderfuß

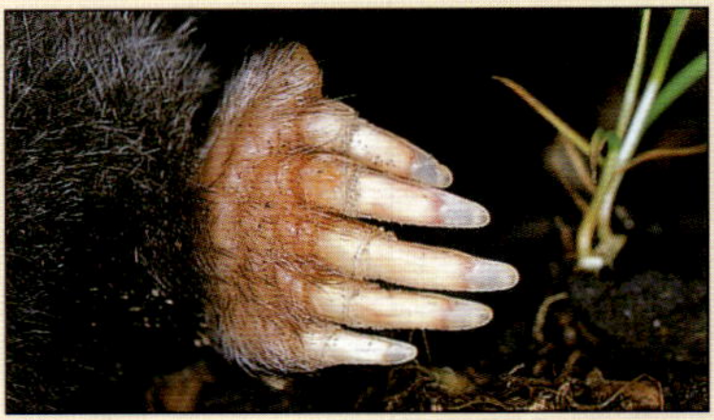

Pyrenäendesman *Galemys pyrenaicus*

FAMILIE MAULWÜRFE

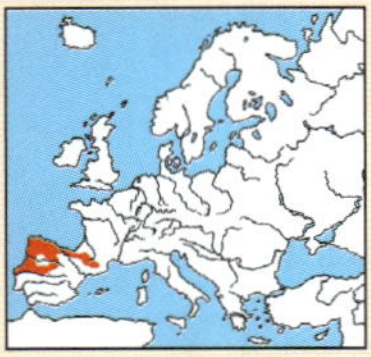

Merkmale: Maulwurfsgroß, an eine große Spitzmaus erinnernd; KRL 9,7-13,5 cm, SL 13-15,5 cm, G 35-80 g; dichtes, dunkelgraues Fell mit metallischem Schimmer; Unterseite silbergrau; nackte, rüsselartige, sehr bewegliche Nase mit verschließbaren Nasenlöchern; über körperlanger Ruderschwanz, an der Spitze seitlich zusammengedrückt, an der Unterseite Moschusdrüsen; sehr große Hinterfüße mit Schwimmhäuten, Schwimmborsten an Vorder- und Hinterfüßen.
Verbreitung: N-Portugal und Spanien, Pyrenäen.
Lebensweise: P. leben als geschickte Schwimmer an sauberen Fließ- und stehenden Gewässern mit reich strukturierten Ufern. Die ungeselligen, vorwiegend nachtaktiven Tiere jagen schwimmend und tauchend nach Insekten, Schnecken, Würmern und kleinen Wirbeltieren (Fischchen). Beim Schwimmen legen sie die kurzen Vorderfüße an, während die Hinterfüße rudern und der kräftig schlängelnde Schwanz zur Erhaltung des Gleichgewichts eingesetzt wird. P. bauen vorhandene Höhlungen am Ufer zu Gangsystemen aus.

Rotnackenwallaby *Macropus rufogriseus*

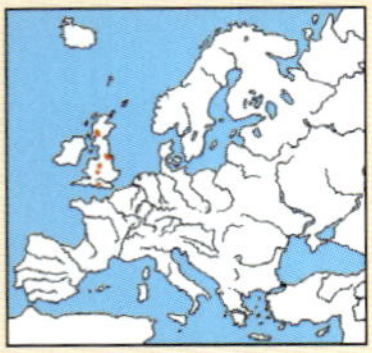

Merkmale: Etwas größer als ein Feldhase, typische Kängurugestalt; KRL ♂ 70-90 cm, ♀ 65-85 cm, SL ♂ 69-85 cm, ♀ 60-80 cm, SH ca. 75-80 cm, G ♂ 15-25 kg, ♀ 11-15 kg; langer Schwanz, zur Spitze hin sich verjüngend; sehr bewegliche Ohren; Unterart mit auffallend rotbrauner Nackenregion; dichtes Fell sonst graubraun; hüpfende Fortbewegung auf kräftigen Hinterbeinen.

Verbreitung: Australien, Tasmanien; in EU eingebürgert, hier derzeit einzige freilebende Kolonie in England.

Lebensweise: R. leben in Gebüsch- und Waldgebieten. Die überwiegend dämmerungs- und nachtaktiven Tiere sind vorwiegend Einzelgänger, die keine dauerhaften Verbände bilden. Selbst wenn bis zu 30 Tiere sich an einem Fleck aufhalten, fliehen sie bei Gefahren (im natürlichen Verbreitungsgebiet ist der Dingo ihr Fressfeind) in alle Richtungen. Männliche Jungtiere bleiben über die Entwöhnung hinaus noch bis ins nächste Jahr mit der Mutter zusammen, während die Töchter früher selbstständig werden. Miteinander verwandte ♀ bilden oft »Clans« mit gemeinsamen Nahrungsgebieten. So können sich bei der Suche nach Gräsern und Kräutern mehrere R. treffen. Die größten, vorherrschenden ♂ besitzen dagegen Teile ihres Streifgebiets allein und beanspruchen darin ihr Paarungsvorrecht.

Nach einer Tragzeit von nur 30 Tagen kommt jeweils 1 winziges Junges zur Welt, dessen Geburtsgewicht weniger als 1 g beträgt. Gleich nach der Geburt kriecht es in den Beutel der Mutter, wo es sich an einer Zitze festsaugt. Die Beuteltragzeit dauert rund 280 Tage.

Wissenswertes: 1887 setzte Freiherr Philipp v. Böselager 5 Tiere in einem 500 ha großen Wald bei Heimerzheim, Kreis Bonn, aus. Die Gruppe wuchs bis 1893 auf 35-40 Tiere an. Doch als innerhalb kurzer Zeit die beiden die Kängurus betreuenden Förster starben, schossen Wilderer 1893 die meisten Tiere an den Futterplätzen ab. Einzelne Kängurus wanderten jedoch in den Kottenforst bei Bonn und bis Kelberg in der Eifel ab. Aber schon 1895 war der Bestand völlig ausgerottet. Weitere Einbürgerungsversuche sind 1889 für Altdöbern, Kreis Calau, Frankfurt/Oder und die Kanalinsel Herm (1,3 qkm) belegt. Während die Tiere auf Herm von englischen Besatzungssoldaten im 1. Weltkrieg verspeist wurden, ließ der Besitzer der Altdöberner Kängurus, Graf Witzleben, die Tiere wieder vernichten, weil die »springenden Spukgestalten« und »hopsenden Riesenflöhe« sein anderes Wild, vor allem Rehe, angeblich vergrämten. Von den Kängurus der Kanalinsel stammten diejenigen Tiere ab, die sich auf der Fürst Blücherschen Herrschaft Krieblowitz (Blüchersruh) in Schlesien bis 1910 auf 60-70 Exemplare vermehrten und in der Revolutionszeit gewildert wurden. 6 im Frühjahr 1910 auf dem Kühkopf bei Oppenheim/Hessen ausgesetzte Tiere gingen im nasskalten Herbst des gleichen Jahres wieder ein. Somit sind alle Einbürgerungsversuche des R. auf dem europäischen Festland letztendlich fehlgeschlagen. Die einzige freilebende R.-Kolonie in EU besteht derzeit bei Horsham in England. Sie geht auf Parkflüchtlinge zurück.

Bezüglich seiner Ernährungsgewohnheiten ist das R. mit Feldhase und Reh vergleichbar. Es passt sich jedoch schlecht den fragmentierten europäischen Landschaften an und ist durch Verkehr und Erholungsnutzung bedroht.

R. säubert seinen Beutel.

Fledertiere und Herrentiere

Parallel zu den Vögeln entwickelte vor mindestens 60 Millionen Jahren die Ordnung der Fledertiere die Fähigkeit zum aktiven Flug. Die Unterordnung der Flughunde lebt in den Tropen und Subtropen der Alten Welt und Australiens, die Unterordnung Fledermäuse mit rund 760 Arten kommt hingegen auch in den gemäßigten Zonen vor. Durch Spezialisierungen erschlossen sich Fledertiere vielerlei Nahrungsquellen: Nektar, Pollen (Bestäuber!), Früchte, Insekten, kleine Landwirbeltiere, Fische und Blut (Vampire). Während sich die nacht- und dämmerungsaktiven Fledermäuse mit Ortungsrufen im Ultraschallbereich orientieren, verfügen Flughunde über leistungsstarke Nachtaugen. Die schon seit der Oberen Kreidezeit belegte Ordnung der Herrentiere zeigt die fortgeschrittenste Gehirnentwicklung aller Säuger. Das Leben im dreidimensionalen Raum der Baumkronen hat die Entwicklung der Sinnesorgane der heute weltweit 233 Arten stark geprägt, u.a. das binokulare, stereoskopische Sehen und auch das Greifen der Hände, das den Menschenaffen und uns Menschen als Mitglieder dieser Säugetierordnung das »Begreifen« ermöglicht.

Große Hufeisennase

Große Hufeisennase *Rhinolophus ferrumequinum* FAM. HUFEISENNASEN

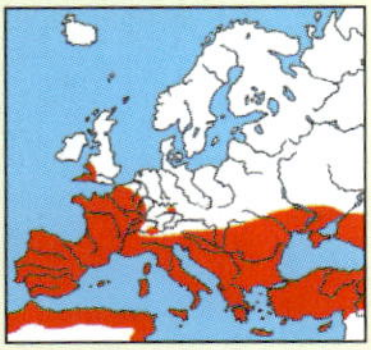

Nasenaufsatz

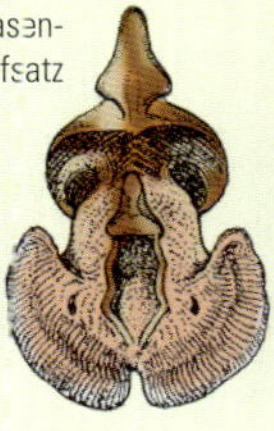

Der Nasenaufsatz dient als Schalltrichter für die Peilrufe.

Merkmale: Größte europäische Hufeisennase; KRL 5,7-7,1 cm, SL 3,5-4,3 cm UL 5,4-6,1 cm, FS 35-40 cm; G 17-34 g ; oberer Sattelfortsatz des Nasenblatts kurz, abgerundet, unterer im Profil spitz; weiches, lockeres Fell mit hellgrauer Haarbasis; Oberseite graubraun oder rauchgrau, z.T. rötlich getönt, Unterseite heller; Jungtiere oberseits mehr aschgrau.

Verbreitung: S-EU, N-Afrika; nördlichstes Vorkommen in England bis zum 51. Breitengrad, in W-EU bis zum 50. Grad; im N nur noch inselartig.

Lebensweise: G.H. leben in Gebieten mit lockerem Baum- und Buschbestand und Gewässern; im S Quartiere überwiegend in Höhlen, im N im Sommer (Wochenstuben) in Gebäuden. Das ♀ bekommt nach einer Tragzeit von etwa 75 Tagen i.d.R. 1 Junges (Geburtsgewicht 5-6 g). G.H. fliegen erst bei Dunkelheit aus, ihr Flug ist langsam und schmetterlingsartig. Vom Ansitz aus oder am Boden fangen sie große Käfer, Falter, Zwei- und Hautflügler, Köcherfliegen und Spinnen. Zwischen Sommer- und Winterquartier finden nur kurze Wanderungen (20-30 km) statt. **RL! §!**

Kleine Hufeisennase *Rhinolophus hipposideros* FAMILIE HUFEISENNASEN

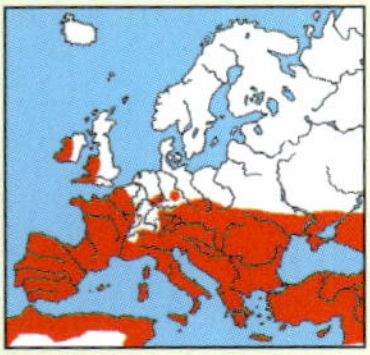

Nasenaufsatz

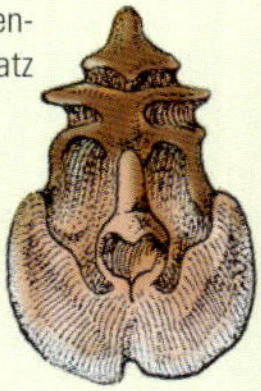

△ K.H. im Sommerquartier; ▷ mit Jungtier, das sich an Haftzitze festsaugt; ▷▷ im Winterquartier.

Merkmale: Kleinste europäische Hufeisennase; KRL 3,7-4,5 cm, SL 2,3-3,3 cm, UL 3,7-4,25 cm, FS 19,2-25,4 cm, G 5,6-9 g; Mittelkiel des Nasenaufsatzes von unten nach oben zugespitzt (Aufsicht); lockeres, weiches Fell; Haarbasis hellgrau, Oberseite bräunlich rauchfarben ohne rötlichen Ton, Unterseite grau bis grauweiß; Jungtiere dunkelgrau.

Verbreitung: Am weitesten nach N verbreitete Hufeisennase, erreicht den 52. Breitengrad, aber insbesondere an der nördlichen Verbreitungsgrenze starke Rückgänge und dort z.T nur noch in isolierten Populationen vorkommend.

Lebensweise: K.H. leben in wärmebegünstigten Gebieten im Gebirgsvorland, in Mittelgebirgen und Karstgebieten. In niedrig schwirrendem Flug (bis 5 m Höhe) jagen sie kleine Insekten oder nehmen diese sowie Spinnen vom Boden auf. Im N befinden sich ihre Sommerquartiere in Gebäuden, meist auf warmen Dachböden (oft in Schornsteinnähe) oder in Kanälen und Schächten von Heizungsanlagen. Die Wochenstuben-Quartiere können hell, müssen aber zugluftfrei sein. Als Winterquartiere dienen Höhlen, Stollen oder Keller mit Temperaturen von 6-9 °C. Dort hängen K.H. immer auf Distanz zum Nachbarn und hüllen sich im Winterschlaf völlig in ihre Flughäute ein. **RL! §!**

Winterschlaf

Winterschlaf

Mittelmeer-Hufeisennase *Rhinolophus euryale* FAM. HUFEISENNASEN

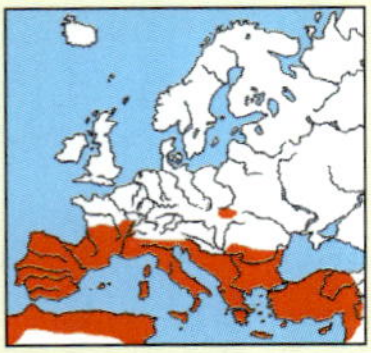

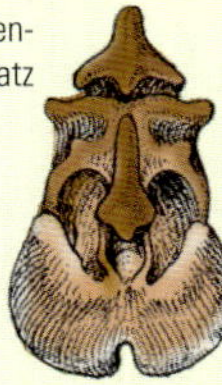

Nasen-
aufsatz

Merkmale: Mittelgroß; KRL 4,3-5,8 cm, SL 2,2-3 cm, UL 4,3-5,1 cm, FS 30-32 cm, G 8-17,5 g; oberer Sattelfortsatz des Nasenaufsatzes spitz, etwas nach unten gekrümmt, länger als der untere; nackte Gesichtsteile (Hufeisen, Lippen) hellbräunlich, Ohren und Flughäute hellgrau; lockeres Fell, Haarbasis hellgrau, oberseits graubraun mit leicht rötlicher oder lila Tönung; Unterseite grau- bis gelblich weiß, Farbgrenze unscharf; um die Augen einige dunkle Haare; Jungtiere mehr grau.

Verbreitung: Gewöhnlich nicht nördlich des 47. Breitengrads; im Mittelmeerraum, isoliertes Vorkommen in der Slowakei.

Lebensweise: Lebt in warmen, waldreichen Gebieten, im Gebirgsvorland und Gebirge, bevorzugt in Karstgebieten mit vielen Höhlen und in Gewässernähe; ortstreu, nur geringe Wanderneigung; ausgesprochene Höhlenfledermaus, im N selten auch auf warmen Dachböden; gesellig lebend, Quartiere oft mit anderen Arten (Hufeisennasen, Wimper-, Langflügelfledermäuse) teilend; fliegt in der späten Dämmerung aus; langsam gaukelnder Flug, auch Rüttelflug, sehr wendig; jagt niedrig an warmen Hängen und im Blattwerk Nachtfalter und andere Insekten; sucht oft feste Fraßplätze auf; in Wochenstuben bis zu 400 ♀, z.T. mit ♂, in Winterquartieren bis zu 2000 Tiere.

Wissenswertes: Sämtliche Hufeisennasen senden ihre im Kehlkopf erzeugten, der Orientierung ebenso wie dem Beuteerkennen dienenden Ultraschalllaute über die Nase aus, wobei die kompliziert geformten Nasenaufsätze als eine Art Schalltrichter fungieren.

Blasius-Hufeisennase

Rhinolophus blasii FAM. HUFEISENNASEN

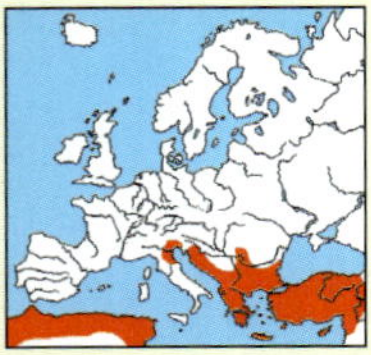

Merkmale: Mittelgroß; KRL 46,5-54 cm, SL 2,5-3 cm, UL 4,5-4,8 cm, FS 22-31 cm, G 12-16,5 g; Nasenaufsatz (Mittelkiel) von der Seite gesehen mit spitzem Oberfortsatz, sich lanzettförmig verschmälernd; breites, fleischfarbenes Hufeisen; Ohren und Flughäute hellgrau; lockeres Fell, sehr helle, fast weiße Haarbasis; Oberseite graubraun, z.T. leicht lila getönt, von fast weißer oder leicht gelblich getönter Unterseite relativ scharf abgegrenzt; kaum vorhandene dunkle »Brille« um die Augen.

Verbreitung: Im östlichen Mittelmeerraum, dort gemeinsam mit Mittelmeer-H., aber nicht so weit nach N vorkommend.

Lebensweise: Bewohnt warme Karstgebiete mit lockerem Baum- und Strauchbestand; Sommer- (bis zu 300 ♀) und Winterquartiere (bis zu 2000 Tiere) in Höhlen; jagt ähnlich wie Mittelmeer-H.

Mehelys Hufeisennase

Rhinolophus mehelyi F. HUFEISENNASEN

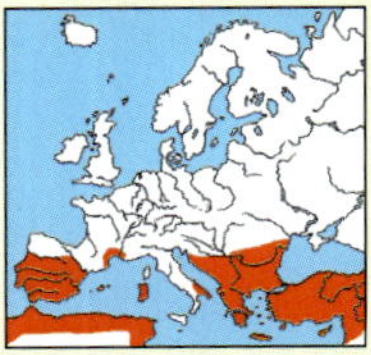

Merkmale: Mittelgroß; KRL 5,5-6,4 cm, SL 2,4-2,9 cm, UL 5-5,5 cm, FS um 33-34 cm, G 10-18 g; Nasenaufsatz (Mittelkiel) von der Seite gesehen mit keilförmigem Oberfortsatz; Hufeisen und Lippen blass fleischfarben; Ohren und Flughäute graubraun; dichtes Fell, Oberseite graubraun, Unterseite fast weiß mit scharfer Farbgrenze; auffällige »Brille« aus graubraunen Haaren um die Augen.

Verbreitung: Im Mittelmeerraum weit verbreitet, aber nicht so weit nach N wie Mittelmeer-H.

Lebensweise: Sommer- und Winterquartiere in Höhlen von Karstgebieten, z.T. gemeinsam mit anderen Hufeisennasen, Kleinem Mausohr und Langflügelfledermäusen; jagt in langsamem, wendigem Flug dicht über dem Boden nach Nachtfaltern und anderen Insekten, kann wohl auch Beute vom Boden aufnehmen.

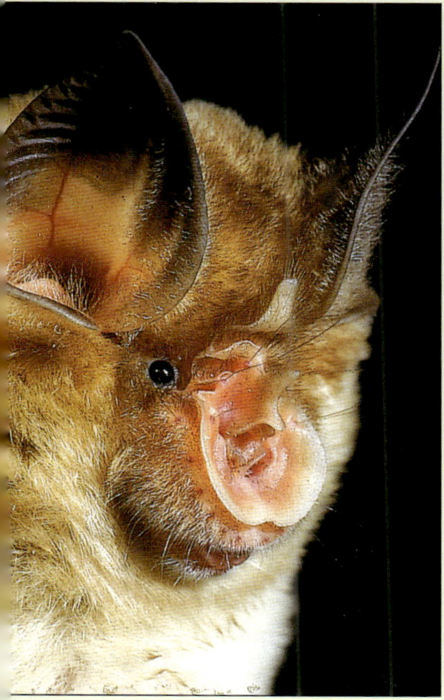

Großes Mausohr *Myotis myotis*

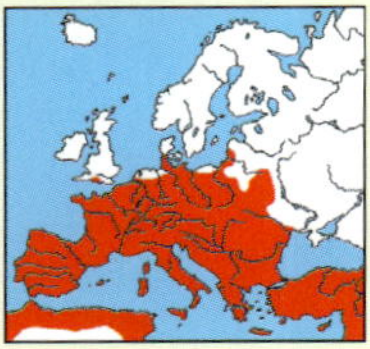

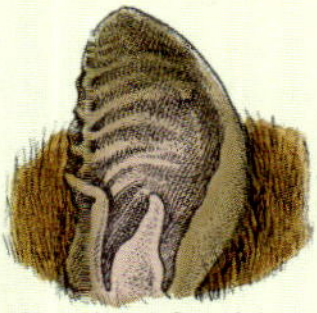

Ohr mit 7-8 Querfalten

Merkmale: Größte in D heimische Fledermausart; KRL 6,7-7,9 cm, SL 4,5-6 cm, UL 5,4-6,7 cm, FS 35-43 cm, G 28-40 g; kurze, breite Schnauze, Ohren lang und breit, Außenrand mit 7-8 Querfalten, Ohrdeckel (Tragus) an der Basis breit; dichtes, kurzes Fell, Haarbasis schwarzbraun, Oberseite hell graubraun, z.T. mit rostbraunem Anflug, Unterseite weißgrau; Schnauze, Ohren und Flughäute braungrau; Jungtiere rauchgrau.

Verbreitung: M.- und S-EU; nördlichstes Winterquartier auf Rügen, in Polen die Ostseeküste erreichend, Einzelfunde auch in S-Schweden, für die Azoren nachgewiesen.

Lebensweise: Die wärmeliebenden M. bevorzugen klimatisch begünstigte Täler, offenes Wald- und Weideland sowie Gebiete mit traditioneller Landwirtschaft. Sommerquartiere (Wochenstuben) liegen im N des Verbreitungsgebiets auf warmen Dachböden und Kirchtürmen, auch unter Brücken, im S in Höhlen. Kolonien bestehen aus bis zu 2000 ♀, wobei ein Individuenaustausch zwischen benachbarten Kolonien stattfinden kann. Die ♂ leben im Sommer meist einzeln und schlafen in Spaltenquartieren auf Dachböden, auch in Baumhöhlen oder Nistkästen. Nach einer Tragzeit von 50-70 Tagen (abhängig von der Umgebungstemperatur und Ernährung) bekommen die ♀ meist 1 Junges (Geburtsgewicht um 6 g). Wenn die Mütter zum Jagen ausfliegen, bleiben die Jungen wie bei allen Insekten fressenden Arten im Quartier zurück.

Wissenswertes: Da sich jagende M. regelmäßig über 10 km vom Schlafplatz entfernen, werden von einer M.-Kolonie sehr große Landschaftsräume genutzt. Überwiegend jagen M. in Waldgebieten mit geringer oder fehlender Strauch- und Krautschicht. An solchen Plätzen können sie Laufkäfer, ihre Hauptnahrung, im arttypischen bodennahen Suchflug am leichtesten orten und erbeuten. Gelegentlich jagen M. aber auch über frisch gemähten Wiesen. Die Winterquartiere (in Höhlen) liegen bis über 100 km entfernt. **RL, §!**

Kleines Mausohr *Myotis blythii*

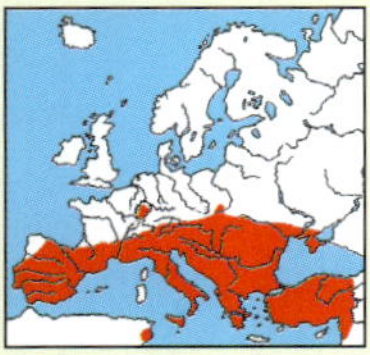

Merkmale: Sehr ähnlich dem Großen M., nur etwas kleiner; KRL 6,2-7,1 cm, SL 5,3-5,9 cm, UL 5,25-5,9 cm, FS 38-40 cm, G 15-28 g; Ohren und Ohrdeckel spitz und schmal; Ohraußenrand mit 5-6 Querfalten; kurzes Fell, Oberseite grau, bräunlich getönt, Unterseite grauweiß, Tiere in der Schweiz meist mit hellem Fleck zwischen den Ohren.

Verbreitung: Vorkommen bis wenige km südlich des Bodensees, vielleicht auch im S von D.

Lebensweise: Bewohnt wärmebegünstigte Gebiete mit lockerem Gehölzbestand, Karstgebiete, trockene Grassteppen, Parks, auch Ortschaften; kann mit Großem M. nebeneinander vorkommen und sogar gemischte Kolonien bilden; Sommerquartiere (Wochenstuben) bevorzugt in warmen Höhlen, dort häufig gemeinsam mit Langflügel-Fl. und Hufeisennasen; ebenso auf warmen Dachböden; selten auch einzeln in Baumhöhlen; Paarungen von Herbst bis Frühjahr, wobei die ♂ einen Harem von ♀ haben können.

Wissenswertes: K.M. fliegen erst bei später Dämmerung oder in der Dunkelheit zum Jagen aus. Ihr Flug ist langsam und wendiger als der des Großen M. Ihre Beute, große Insekten, jagen sie bevorzugt über dichten Grasflächen oder lesen sie von der Vegetation ab.

Wintersch af

Teichfledermaus *Myotis dasycneme*

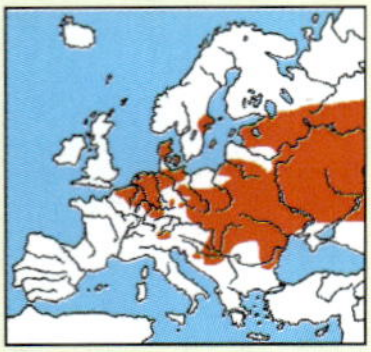

Merkmale: Mittelgroße Art mit relativ großen Füßen; ähnlich der Wasserfledermaus, aber deutlich größer; KRL 5,7-6,7 cm, SL 4,6-5,1 cm, UL 4,3-4,92 cm, FS 20-30 cm, G 14-20 g; Schwanzflughaut auf der Oberseite nackt, auf der Unterseite entlang der Unterschenkel mit feiner weißer Behaarung; dichtes Fell, Haarbasis schwarzbraun; Körperoberseite bräunlich oder fahl graubraun mit seidigem Glanz, Unterseite weißgrau bis gelblich grau, Farbgrenze ziemlich scharf; kurze, rotbraune Schnauze, graubraune Ohren und Flughäute; Ohrdeckel (Tragus) deutlich kürzer als die halbe Ohrlänge; Armflughaut setzt an der Ferse an; Füße mit langen Borsten besetzt; Jungtiere insgesamt dunkler gefärbt.

Verbreitung: M.- und O-EU zwischen dem 48. und 60. Breitengrad.

Lebensweise: Hält sich im Sommer in gewässerreichen Gebieten im Tiefland auf, wobei die Jagdgebiete überwiegend über größeren Wasserflächen (Seen, Kanäle, breite Fließgewässer) liegen und die Aktionsradien der Tiere fast 10 km betragen; im Winter auch im Mittelgebirgsvorland; Winterquartiere v.a. in Höhlen, Stollen, Bunkern u. Eiskellern, in denen die Tiere frei an Wänden und Decken hängend oder in Spalten eingezwängt Winterschlaf halten; Nachweise von Wochenstuben bisher nur aus Gebäuden, meist auf Dachböden oder Kirchtürmen, häufig im Firstbereich, in großen Gruppen (40-400 ♀); saisonale Wanderungen meist über 100 km weit.

Wissenswertes: T. jagen in schnellem, gewandtem Flug in 10-60 cm Höhe über dem Wasser z.B. nach Zuckmücken und Köcherfliegen, aber auch nach Faltern und Käfern. Nachdem sich in ihren Mägen ebenso Zuckmückenlarven finden, müssen T. wohl in der Lage sein, diese von der Wasseroberfläche aufzunehmen. **(RL), §!**

Wasserfledermaus *Myotis daubentonii*

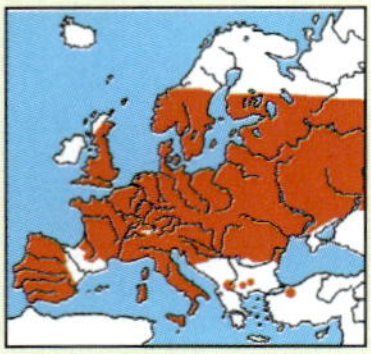

4 Querfalten

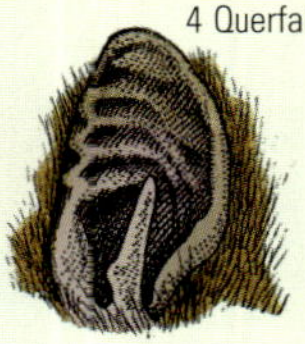

Merkmale: Mittelgroße bis kleine Art mit rötlich braunem Gesicht (Schnauze) und auffällig großen Füßen mit langen Borsten; KRL 4,5-5,5 cm, SL 3,1-4,45 cm, UL 3,5-4,17 cm, FS 24-27,5 cm, G 7-15g; Schwanz und Ohren relativ kurz; lockeres Fell, Haarbasis dunkel graubraun, Körperoberseite braungrau bis dunkel bronzefarben; Unterseite silbergrau, meist scharf von der Oberseite abgegrenzt; Jungtiere grauer.

Verbreitung: Fast ganz EU, nordwärts etwa bis zum 63. Breitengrad.

Lebensweise: Vorwiegend im Flachland, dort in Wäldern und Parks (Waldfledermaus), meist in Gewässernähe; Wanderungen zwischen Sommer- und Winterquartieren meist unter 100 km; Winterquartiere in Höhlen, Stollen, Bunkern, Kellern, alten Brunnen; dort meist eingezwängt in Spalten, aber auch in großen Trauben an den Wänden hängend, ebenso bis zu 60 cm tief im Bodengeröll; Sommerquartiere (Wochenstuben) in Baumhöhlen, auch in Spalten auf Dachböden oder in Mauern, hinter Fensterläden; Einzeltiere und kleine ♂-Gesellschaften im Sommer auch in feuchtkühlen Mauerspalten von Flussbrücken.

Wissenswertes: Ende VIII/Anfang IX sind in großen Winterquartieren oft zahlreiche Aktivitäten (»Schwärmen«) zu beobachten (Quartiererkundung). In den Wochenstuben von meist 20-50 ♀ werden ab Mitte VI die Jungen geboren (Geburtsgewicht um 2,3 g), wobei Baumhöhlenquartiere etwa alle 2-3 Tage mit den Jungen gewechselt werden (Hygiene/Feindvermeidung). W. fliegen auf festen Flugrouten in ihre Jagdgebiete, wo sie dicht über dem Wasser oder bis in 5 m Höhe vorwiegend Zweiflügler, Zuckmücken, Köcherfliegen, Netzflügler und Schmetterlinge erbeuten. Sie können mit Hinterfüßen und Schwanzflughaut auch Beute (einschließl. kleiner Fische) von der Wasseroberfläche aufnehmen. **§!**

Fransenfledermaus *Myotis nattereri*

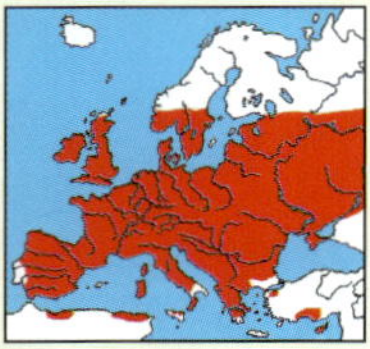

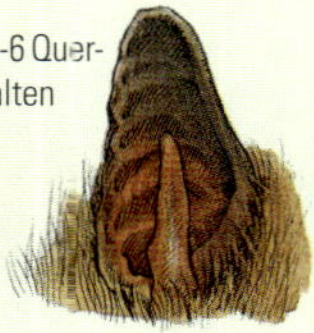

5-6 Querfalten

Merkmale: Mittelgroß; Hinterrand der Schwanzflughaut mit gekrümmten, steifen Haaren (»Fransen«); KRL 4,2-5 cm, SL 3,8-4,7 cm, UL 3,7-4,3 cm, FS 24,5-28 cm, G 5-12 g; relativ lange Ohren, spitzer Ohrdeckel; langes, lockeres Fell, dunkelgraue Haarbasis; Oberseite hellgrau, Unterseite hell weißgrau; Jungtiere dunkler grau.
Verbreitung: Fast ganz EU, im N bis 60. Breitengrad.
Lebensweise: Waldfledermaus in Wäldern und Parks mit Gewässern und Feuchtgebieten, auch in Ortschaften. Sommerquartiere (Wochenstuben) sowohl in Baumhöhlen und Fledermauskästen als auch in Spalten an und in Gebäuden. Winterquartiere in Stollen, Höhlen, Kellern; dort meist in enge Spalten eingezwängt; in Trauben manchmal mit Wasserfled. (⇨S.32) gemischt. F. fliegen in der späten Dämmerung aus, um mit langsamem, z.T. schwirrendem Flügelschlag, teilweise auch im Rüttelflug, Beutetiere (Spinnen, Zweiflügler, auch tagaktive Fliegen, Schmetterlinge, Käfer) vom Substrat abzulesen.
Wissenswertes: Neuerdings wurden in Kuhställen Wochenstuben der F. entdeckt. Die Tiere gehen dort hauptsächlich auf Fliegenjagd und brauchen ihr Quartier kaum zu verlassen. **RL, §!**

Wimperfledermaus *Myotis emarginatus*

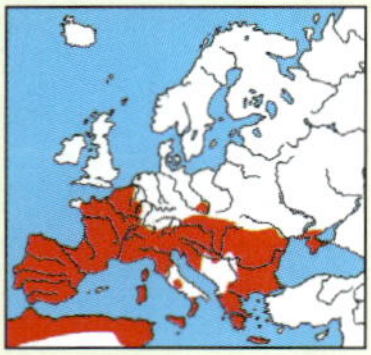

4-6 Querfalten

Merkmale: Mittelgroß; Rand der Schwanzflughaut mit feinen Härchen (»Wimpern«); KRL 4,1-5,3 cm, SL 3,8-4,6 cm, UL 3,6-4,1 cm, SF 22-24,5 cm, G 7-15 g; Ohraußenseite in oberer Hälfte mit fast rechtwinkliger, deutlicher Einbuchtung; Fell wollig, lang, locker; Haare oberseits dreifarbig: Basis grau, Mitte strohgelb, Spitzen rostbraun bis fuchsrot; Unterseite gelblich grau; Schnauze rotbraun, Ohren und Flughäute dunkel graubraun; Jungtiere ohne rötliche Töne, wesentlich dunkler rauchgrau bis braungrau gefärbt.
Verbreitung: M.- und S-EU, nordwärts bis Limburg (Niederlande) und Südpfalz/Bayern in D.
Lebensweise: Wärmeliebend; im N überwiegend Haus-, im S Höhlenfledermaus; kommt im Tiefland und in unteren Gebirgslagen vor, sowohl in Ortschaften mit Gärten, Parks und Wasserflächen als auch in Karstgebieten; Sommerquartiere (Wochenstuben) in Dachböden (N) oder warmen Höhlen (S); auch auf verhältnismäßig hellen Dachböden mit relativ niedrigen, aber wenig schwankenden Temperaturen; bevorzugte Hangplätze oft frei in mittleren Dachteilen, an Sparren oder Brettern, meist nicht im Giebel; gesellig, teilt sich oft mit anderen Arten (Mausohr, Kl. und Gr. Hufeisennase) das Quartier; Einzeltiere auch in Baumhöhlen, Baumspalten und Fledermauskästen; Winterquartiere in Höhlen, Stollen und Kellern, dort meist frei an der Decke oder Wand hängend, seltener in dichten Trauben oder in Spalten; überwiegend ortstreu, Wanderungen unter 40 km.
Wissenswertes: Die W. fliegt schon in der frühen Dämmerung aus und benutzt regelmäßige Flugstraßen. Sie jagt an Busch- und Heckenrändern, an Bäumen und in Kuhställen, und zwar von einem Ansitz aus oder im Rüttelflug, wobei sie ihre Beute, v.a. Zweiflügler, Schmetterlinge und Spinnen, meist vom Substrat abliest. **RL! §!**

Große Bartfledermaus *Myotis brandtii* FAMILIE GLATTNASEN

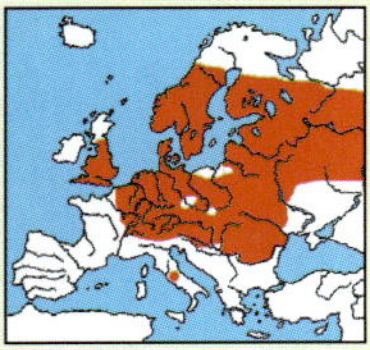

Merkmale: Kleine Art; KRL 3,9-5,1 cm, SL 3,2-4,4 cm, UL 3,3-3,9 cm, FS 19-24 cm, G 4,3-9,5 g; relativ langes Fell, dunkel graubraune Haarbasis, Oberseite hellbraun, meist mit Goldglanz, Unterseite hellgrau, z.T. gelblich überhaucht; Ohren, Schnauze und Flughäute mittel- bis hellbraun; Jungtiere ähneln stark denen der Kl. Bartfl.; beide Arten nur schwer unterscheidbar, Penis bei erwachsenen ♂ der G.B. am Ende deutlich verdickt.

Verbreitung: Erst lückenhaft bekannt, da früher nicht von Kl. Bartfledermaus unterschieden (Vorkommen in EU erst 1958 entdeckt).

Lebensweise: Waldfledermaus; stärker als die Kl. Bartfl. an Waldgebiete und Gewässernähe gebunden; Sommerquartiere (Wochenstuben) in schmalen Spalten im Dachstuhl von Gebäuden, hinter Dachlatten, Dachverschalungen außen und innen, in Balkenlöchern, auch in Fledermauskästen (mit engem Volumen); Winterquartiere in Höhlen, Stollen, alten Bergwerken, Kellern, oft gemeinsam mit Kl. Bartfl.; selten in Spalten, meist frei hängend, auch in Trauben beieinander; bis zu 230 km weite Wanderungen; Ausflug in der frühen Dämmerung; jagt in niedrigen bis mittleren Höhen geschickt mit raschen Wendemanövern in nicht allzu dichten Waldbeständen und über Gewässern nach Schmetterlingen sowie Schnaken und anderen Zweiflüglern.

Wissenswertes: Tagaktive Schmetterlinge und Spinnen in der Nahrung sprechen für ihre Aufnahme vom Substrat. Bei Beunruhigung lassen G.B. ein hohes Zetern und Zirpen hören. **RL, §!**

Ähnlich: Die kürzlich in Griechenland neu entdeckte Art *Myotis alcathoe* ist mit 3,2 cm UL und weniger als 5 g Gewicht die kleinste *Myotis*-Art in EU. Ihre Rufe haben eine höhere Frequenz als die der anderen europ. Arten. Evtl. kommt sie auch in Rumänien, Bulgarien und der Ukraine vor.

Kleine Bartfledermaus *Myotis mystacinus* FAMILIE GLATTNASEN

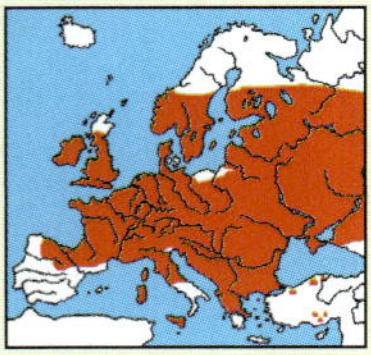

Merkmale: Eine der kleinsten europäischen *Myotis*-Arten; KRL 3,5-4,8 cm, SL 3-4,3 cm, UL 3,2-3,6 cm; FS 19-22,5 cm, G 4-8 g; Schnauze, Ohren und Flughäute schwarzbraun; Basis von Ohrdeckel (Tragus) und innerem Ohrrand im Gegensatz zur Gr. Bartfl. nicht aufgehellt; langer, spitzer Tragus, die Einbuchtung des Ohraußenrands überragend; langes, krauses Fell, Haarbasis dunkelgrau; Färbung der Oberseite variierend, von dunkel nussbraun bis dunkel graubraun, seltener hellbraun, stets dunkler als Gr. Bartfl.; Unterseite dunkel- bis hellgrau; Jungtiere dunkler, Haarbasis schwarz; relativ schmale Flügel; Penis dünn, am Ende ohne Verdickung; bei Störungen im Quartier lautes Gezeter.

Verbreitung: Fast ganz EU, in N-EU bis ungefähr zum 65. Breitengrad.

Lebensweise: Nicht so deutlich an Wald und Gewässer gebunden wie die Gr. Bartfl., mehr in Parks, Gärten und Dörfern; eher eine Haus- als eine Waldfledermaus; in SO-EU auch in Karstgebieten; Sommerquartiere (Wochenstuben mit 20-70 Tieren) meist in spaltenartigen Hohlräumen an und in Gebäuden (auch in kleineren Häusern wie Einfamilienhäuser, Wochenendhäuser, Jagdhütten oder Kapellen), hinter Holzverkleidungen, zwischen Balken und Mauerwerk, aber auch auf Kriechböden; bewohnt Fassaden meist ost- oder südostorientiert, auch hinter Fensterläden; Winterquartiere in Höhlen, Stollen, Kellern, gewöhnlich frei hängend an Wand und Decke, selten in Spalten; überwiegend ortstreu, aber Wanderungen bis zu 240 km Länge bekannt.

Wissenswertes: Die anpassungsfähige K.B. fliegt bereits in der frühen Dämmerung aus, im Frühjahr und Herbst mitunter sogar tagsüber, und jagt praktisch in jedem Biotoptyp, auch noch bei leichtem Regen. In schnellem, wendigem, kurvenreichem Flug jagen die Tiere in 1-6 m Höhe nach kleinen Mücken, Eintagsfliegen, Libellen, Käfern und Nachtfaltern. **RL, §!**

Winterschlaf

Bechsteinfledermaus *Myotis bechsteinii*

FAMILIE GLATTNASEN

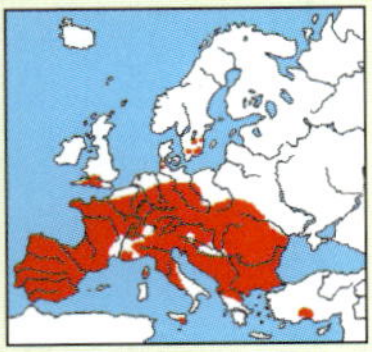

Merkmale: Mittelgroß mit auffallend großen Ohren; KRL 4,5-5,5 cm, SL 4,1-4,5 cm, UL 3,9-4,7 cm, FS 25-28,6 cm, G 7-12 g; nach den Langohren längste Ohren, die sich an der Basis allerdings nicht berühren; Tragus lang, lanzettförmig, erreicht etwa halbe Ohrlänge; relativ langes Fell, Haarbasis dunkel graubraun, Oberseite fahlbraun bis rötlich braun; Unterseite hellgrau, Schnauze rotbraun, Ohren und Flughäute hell graubraun; Jungtiere hell- bis aschgrau.

Verbreitung: In gemäßigten Zonen von EU; offenbar nur lokal verbreitet, nirgends häufig.

Lebensweise: Waldfledermaus; bevorzugt Laubwaldgebiete (feuchte Mischwälder), kommt auch in von Nadelholz dominierten Wäldern und im Kiefernwald vor; höchste Siedlungsdichten in strukturreichen Laubwäldern mit hohem Baumhöhlenangebot; Sommerquartiere (Wochenstuben) in Baumhöhlen und Fledermauskästen, selten in Gebäuden, dort frei hängend; fliegt erst nach Einbruch der Dämmerung aus; Flug gaukelnd mit geschickten Manövern auf engstem Raum, auch Rüttelflug; liest Insekten und Spinnen von Blättern, Zweigen oder vom Boden auf; Winterquartiere in Höhlen, Stollen, Kellern, manchmal auch in Baumhöhlen, meist einzeln frei an Decke oder Wand hängend; Ohren auch im Winterschlaf gerade ausgestreckt (Unterschied zu Langohren!).

Wissenswertes: B.-Kolonien sind genetisch sehr einheitlich, weil kein Austausch von ♀ zwischen benachbarten Kolonien stattfindet. Die Tiere der aus ca. 20-80 ♀ bestehenden Wochenstuben verlassen nur ausnahmsweise den Wald und weisen von allen untersuchten heimischen Fledermausarten die geringsten Aktionsradien auf. Entfernungen von mehr als 1 km zwischen Quartier und Jagdgebiet sind selten. **RL, §!**

Langfußfledermaus *Myotis capaccinii*

FAMILIE GLATTNASEN

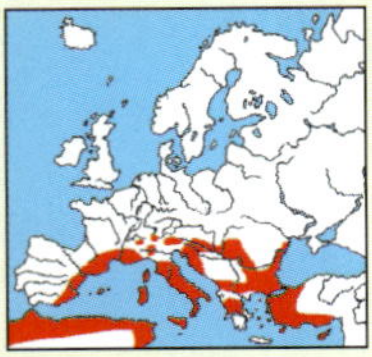

Schwanzflughaut und Füße stark behaart

Merkmale: Mittelgroß; KRL 4,7-5,3 cm, SL 3,5-4,2 cm, UL 3,8-4,4 cm, SF 23-26 cm, G 6-15 g; Ohren mittellang; große Füße mit langen Borsten; Haarbasis dunkelgrau, Oberseite hell rauchgrau, z.T. mit leicht gelblicher Tönung; Unterseite hellgrau, zur Oberseite hin unscharf abgegrenzt; Schnauze rotbraun; Ohren und Flughäute graubraun, Schwanzflughaut oben und unten von den Beinen bis etwa zur Mitte dicht mit dunklen, flaumartigen Härchen bedeckt; Nasenlöcher weiter vorspringend als bei anderen europäischen *Myotis*-Arten.

Verbreitung: Im Mittelmeerraum, in S-EU und den Balkanländern. Das frühere Vorkommen am Alpensüdrand von Turin bis Friaul ist wahrscheinlich erloschen.

Lebensweise: L. besiedeln vor allem mediterrane Karstgebiete, in denen sowohl Gewässer (Jagdgebiete) als auch buschreiches oder waldiges Gelände vorhanden ist. Als Sommer- und Winterquartiere dienen ihnen Höhlen und Stollen (Höhlenfledermaus). Die gesellige Fledermaus ist wahrscheinlich meist ortstreu, aber auch wanderfähig (in Bulgarien offensichtlich weite saisonale Wanderungen). Im Winterquartier sammeln sich bis zu 3000 Tiere, die dort oft in Spalten sitzen, z.T. auch in gemischten Trauben mit Langflügelfl. an der Höhlendecke hängen.

Der Ausflug findet in der späten Dämmerung statt, der Flug der L. ähnelt dem der Wasserfledermaus (⇨S.32).

Wissenswertes: Die L. jagt häufig über Wasser nach Fluginsekten (Zwei- und Netzflügler). Mit ihren großen Füßen und der langen Schwanzflughaut ist sie unter allen europäischen Fledermäusen am weitesten daran angepasst, Insekten auch von der Wasseroberfläche aufzunehmen. Ihre Beute verzehrt sie im Flug.

Rauhautfledermaus *Pipistrellus nathusii* FAMILIE GLATTNASEN

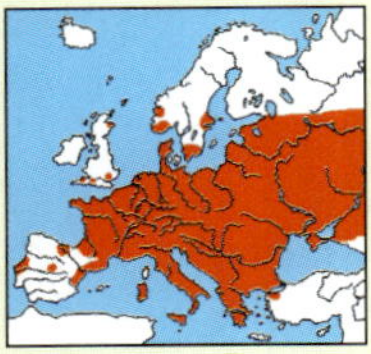

Ohrdeckel (Tragus) oval

Merkmale: Klein, ähnlich der Zwergfledermaus (⇨S.42), aber etwas größer; KRL 4,6-5,5 cm, SL 3,2-4 cm, UL 3,2-3,7 cm, FS 23-25 cm, G 6-15,5 g; kurzer, leicht nach innen gebogener Ohrdeckel (Tragus), Spitze gerundet; Haarbasis dunkelbraun, Fell oberseits im Sommer rot- bis kastanienbraun, nach dem Haarwechsel mehr dunkelbraun, oft mit deutlich grauem Anflug; Unterseite hell- bis gelbbraun; Ohren, Flughäute und Schwanz schwarzbraun; Jungtiere dunkelbraun ohne Grautöne; Flügel lang.

Verbreitung: Schwerpunktmäßig nördliches M.-EU und O-EU mit Wochenstuben im NO des Verbreitungsgebiets; in D nur Wochenstuben in den nordöstlichen Bundesländern, 1 Wochenstube in den Niederlanden bekannt.

Lebensweise: Waldfledermaus; besiedelt Wälder von feuchten Laub- bis zu trockenen Kiefernwäldern, auch Parks, seltener Siedlungen, bevorzugt im Tiefland; Sommerquartiere (Wochenstuben) zumeist in Baumhöhlen oder Stammrissen, in Spalten an Jagdkanzeln oder in flachen Fledermauskästen, seltener in engen Spalten an und in Gebäuden, in Rolladenkästen, hinter Fensterläden oder Holzverschalungen, auch in Ritzen zwischen Mauer und Fachwerkbalken und ähnlichen Verstecken; z.T. gemeinsame Wochenstuben mit Zwergfledermäusen, Gr. Bartfledermäusen oder Teichfledermäusen; Winterquartiere in Felsspalten, Mauerrissen, auch Baumhöhlen oder zwischen gelagertem Brennholz. Die R. ist eine wandernde Art, die oft Küstenlinien und Flusstälern in Richtung W oder SW folgt.

Gleich nach Sonnenuntergang fliegen R. aus, um nach Fluginsekten zu jagen. Sie patrouillieren dabei entlang von Waldrändern, an Schneisen und Wegen, jagen aber auch gern über Wasserflächen.

Wissenswertes: Während der Paarungszeit ab Mitte VII bis IX sind Hoden und Nebenhoden der ♂ vergrößert, der Mund durch Drüsenwülste verdickt. Die ♂ besetzen in dieser Zeit Paarungsreviere, die sie gegen andere ♂ verteidigen. Vom Eingang ihres (Baumhöhlen-)Quartiers oder gelegentlich auch im Flug locken sie mit zweisilbigen Balzrufen ♀ an. Die Jungen (meist 2) werden ab Mitte VI des folgenden Jahres geboren. Das ♀ versorgt sie 4 Wochen lang im Wochenstubenquartier, danach sucht es wieder ein Paarungsrevier auf. **(RL), §!**

Weißrandfledermaus *Pipistrellus kuhlii* FAMILIE GLATTNASEN

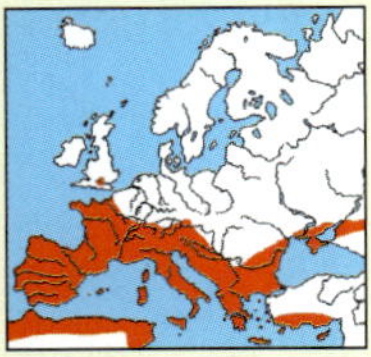

Merkmale: Klein; Hinterrand der Armflughaut meist mit weißem Rand; KRL 4-4,7 cm, SL 3-3,4 cm, UL 3,1-3,6 cm, FS 21-22 cm, G 5-10 g.

Verbreitung: V.a. S-EU, breitet sich nach N aus, Nachweise in D u. England.

Lebensweise: In Ebenen, niedrigen Gebirgslagen und Karstgebieten, eng an Siedlungen gebunden; Sommerquartiere (Wochenstuben) vorwiegend in Spalten an und in Gebäuden; Winterquartiere in Felsspalten; jagt in der späten Dämmerung oder Dunkelheit nach Fluginsekten.

Alpenfledermaus *Pipistrellus savii* FAMILIE GLATTNASEN

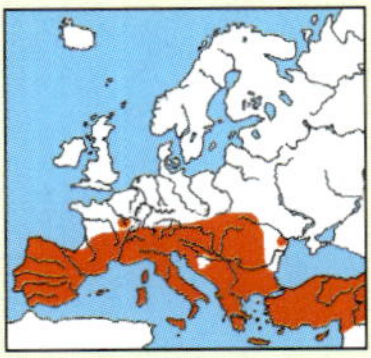

Merkmale: Kleine Art, KRL 4-5,4 cm, SL 3,1-4,25 cm, UL 3-3,65 cm FS 22-22,5 cm, G 5-10 g; Ohren breiter u. runder als bei anderen europ. *Pipistrellus*-Arten.

Verbreitung: Vorwiegend S-EU und Kanaren.

Lebensweise: Lebt in Karstgebieten, Gebirgstälern, auf Almen, auch im Siedlungsraum; Sommerquartiere (Wochenstuben) häufig in Spalten in und an Gebäuden; Winterquartiere in tiefer gelegenen Tälern, dort in Felshöhlen u. -spalten; Flug meist geradlinig und hoch. **RL! §!**

Zwergfledermaus *Pipistrellus pipistrellus* FAMILIE GLATTNASEN

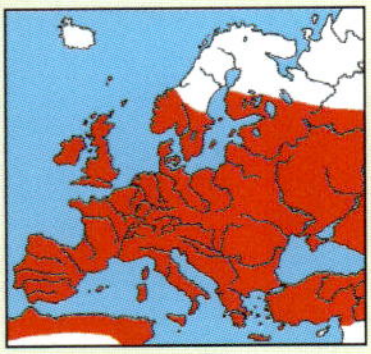

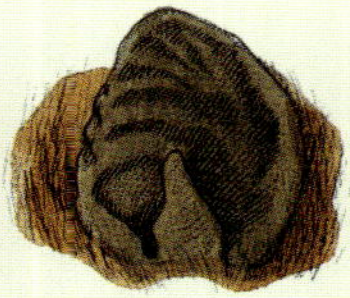

Merkmale: Nach der Mückenfledermaus kleinste europ. Art; KRL 3,6-5,1 cm, SL 2,3-3,6 cm, UL 2,8-3,5 cm, FS 18-24 cm G 3,5-8 g; Ohren kurz, dreieckig, abgerundete Spitze; Fell oberseits rot-, kastanien- oder dunkelbraun, unterseits gelb- bis graubraun; Flügel schmal.

Verbreitung: Nahezu ganz EU, im N bis zum 61. Breitengrad.

Lebensweise: Lebt in Dörfern, Städten, selbst in Zentren von Großstädten, in Parks, Alleen, Obstgärten und Waldungen; vorwiegend Hausfledermaus; Sommerquartiere (Wochenstuben) in von außen zugängigen Spalten an Gebäuden, wobei enge Quartiere bevorzugt werden, in denen die Tiere mit Rücken und Bauch Wandkontakt haben; meist in Zwischendächern kleinerer Gebäude, in Hohlräumen von Fassaden (Holzverkleidungen), auch hinter Fensterläden; ebenso unter loser Rinde und in hohlen Bäumen. Winterquartiere hinter Verkleidungen, in Fels- und Mauerspalten, hinter Bildern in Kirchen, gelegentlich auch in großer Zahl in Höhlen. Z. sind relativ kälteunempfindlich (2-6 °C). In M.-EU liegen zwischen Sommer- u. Winterquartier meist 10-20 (-50) km, doch sind Wanderungen bis zu 770 km bekannt. Der Ausflug erfolgt früh, z.T. vor Sonnenuntergang, im Herbst auch tagsüber. 1-2 km vom Quartier entfernt jagen Z. in schnellem, wendigem Flug über Teichen, an Waldrändern, in Gärten und um Straßenlaternen nach Fluginsekten, vor allem Mücken. **§!** *Ähnliche Art:* ⇨S.186.

Mückenfledermaus *Pipistrellus pygmaeus* FAMILIE GLATTNASEN

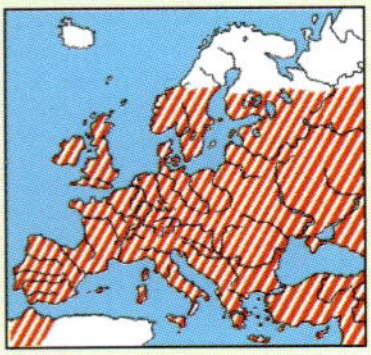

Merkmale: Sehr klein, noch etwas kleiner als die Zwergfl. und damit kleinste europ. Fledermausart; KRL unklar, UL 2,9-3,2 cm, G 4,7-6 g; im Vergleich zur Zwergfledermaus helleres Gesicht, kürzere Schnauze, Nasenspiegel mit Mittelwulst, kurzohrig wirkend (Länge Ohrinnenrand 7-8 mm, bei der Zwergfl. 8-9 mm); helleres Fell; erwachsene Tiere mit olivbraunem Rücken, gelblich grauer Bauchseite, Körperseiten mit gelbbraunem bis orangerotem Anflug; einzelne, vermutlich ältere Tiere fahlbraun bis sandfarben, dunkle Haarbasis kann am oberen Rücken fehlen. Wichtiges Unterscheidungsmerkmal zur Zwergfledermaus ist der Penis: bei erwachsenen ♂ orangefarben, dagegen bei Zwergfledermaus-♂ gräulich mit hellem Längsstreifen.

Verbreitung: Erst lückenhaft bekannt; wahrscheinlich über weite Bereiche von EU, Nachweise liegen bisher aus Skandinavien, England, Spanien, D und mehreren osteuropäischen Ländern vor.

Lebensweise: Nachdem die M. erst seit kurzem als eigene Art bekannt ist, sind die Kenntnisse über ihre Lebensansprüche noch äußerst lückenhaft. Im Gegensatz zur sehr anpassungsfähigen Zwergfl. jagen M. bevorzugt in Waldgebieten in Gewässernähe, v.a. in großen Auwäldern und an Teichen. Sommerquartiere wurden im Wald in Fledermaus- und Vogelnistkästen gefunden (Einzeltiere oder Paarungsgruppen aus 1 ♂ mit bis zu 5 ♀), eine Wochenstubenkolonie in der Fachwerkfassade eines Gebäudes in einem großen Auwald (Kühkopf/Hessen), eine größere Wintergesellschaft am gleichen Gebäude.

Wissenswertes: Erst in den 1990er-Jahren fiel britischen Biologen auf, dass in EU neben der bei 45 kHz Endfrequenz echoortenden Zwergfl. eine sehr ähnliche Fledermaus unterwegs ist, deren Ortungslaute jedoch auf 55 kHz enden. Sie wurde M. genannt. Molekulargenetische Untersuchungen bestätigten im Folgenden die Annahme, dass es sich um eine eigene Art handelt. **§!**

Abendsegler *Nyctalus noctula*

FAMILIE GLATTNASEN

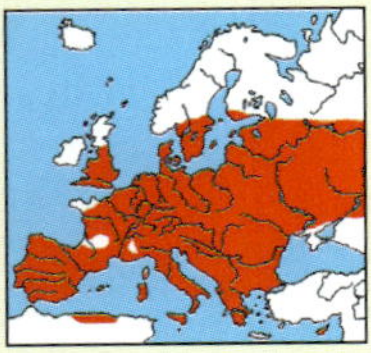

Merkmale: Große Art; KRL 6-8,2 cm, SL 4-6 cm, UL 4,8-5,8 cm, FS 32-40 cm, G 19-40 g; kurze, rundliche Ohren und – wie bei allen *Nyctalus*-Arten – kurzer, pilzförmiger Ohrdeckel (Tragus); kurzes, eng anliegendes Fell, einfarbige Haare; Oberseite im Sommer rotbraun, Unterseite matt hellbraun; nach dem Haarwechsel (VIII/IX) oberseits matt fahlbraun mit z.T. leichtem Grauschimmer; Schnauze, Ohren und Flughäute schwarzbraun; Jungtiere insgesamt dunkler; Flügel lang und schmal.

Verbreitung: Ganz EU außer Irland, Schottland, N-Skandinavien; erreicht im N den 60. Breitengrad; 1 Nachweis von Island.

Lebensweise: Ursprünglich eine Waldfledermaus, bevorzugt im Tiefland in Laub- und Mischwäldern, Parks und Feldgehölzen mit Altholzbeständen, oft in oder in der Nähe von Siedlungen; gebietsweise, besonders im Herbst und Winter zur »Stadtfledermaus« geworden; Sommerquartiere (Wochenstuben) meist in alten Baumhöhlen (Specht-/Fäulnishöhlen, Stammrisse), die über dem Einflugloch ausgefault sind, aber auch in Fledermauskästen; im Sommer auch in hohlen Betonlichtmasten oder hinter Platten von Gebäuden; Winterquartiere in hohlen, dickwandigen Bäumen, tiefen Felsspalten, Mauerrissen von Häusern, in SO-EU auch in Höhlen, hält kurze Zeit bis -3 °C aus; wandernde Art; in M.-EU Herbstzug ab IX/XI mit Hauptzugrichtung SW, z.T. auch tagziehend (auch gemeinsam mit Schwalben und Alpenseglern), weiteste nachgewiesene Wanderung 2347 km (Ukraine–Bulgarien); gesellig; Paarungszeit VII-X.

von links: Abendsegler, Kleiner Abendsegler, Riesenabendsegler

Wissenswertes: Die ♂ besetzen für mehrere Wochen ihre Paarungsquartiere (meist Baumhöhlen), wehren Geschlechtsgenossen ab und locken ♀ vom Quartiereingang aus oder im Flug mit Paarungsrufen an. Mitte VI bis Anfang VII werden in den Wochenstuben (mit 20-50, max. 100 ♀) die Jungen geboren, zumeist Zwillinge. A. fliegen oft ziemlich früh aus. In geradlinigem, schnellem Flug mit Wendungen und Sturzflügen (mit Mauerseglern zu verwechseln) jagen sie nach größeren Fluginsekten wie Käfern, Schmetterlingen oder Zweiflüglern. Aus ihren Wochenstuben und Winterquartieren ist oft lautes Zetern und Zwitschern zu vernehmen, im Flug lassen sie laute »Zick«-Rufe hören. **RL, §!**

Kleiner Abendsegler *Nyctalus leisleri*

FAMILIE GLATTNASEN

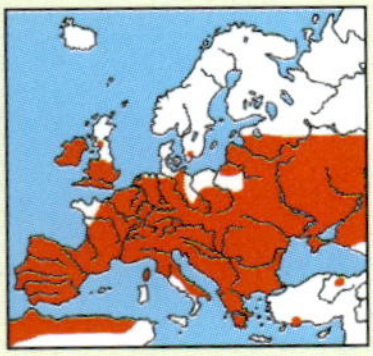

Merkmale: Mittelgroß; KRL 4,8-6,8 cm, SL 3,5-4,5 cm, UL 3,9-4,6 cm, FS 26-32 cm, G 13-20 g.

Verbreitung: Fast ganz EU außer Skandinavien.

Lebensweise: Bevorzugt große Waldgebiete und Parklandschaften mit Altbaumbeständen, seltener in Städten; Sommerquartiere (Wochenstuben) in Baumhöhlen und Fledermauskästen, z.T. gemeinsam mit Abendsegler; wandernde Art (bis zu 1052 km) mit Zugrichtung NO-SW; Flug schnell, hoch. **(RL), §!**

Ähnliche Art: ⇨S.186.

Riesenabendsegler *Nyctalus lasiopterus*

FAMILIE GLATTNASEN

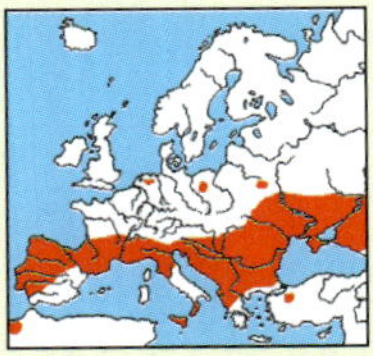

Merkmale: Größte europ. Fledermaus; KRL 8,4-10,4 cm, SL 5,5-6,5 cm, UL 6,3-6,9 cm, FS 41-46 cm, G 41-76 g; dichtes Fell mit langen, einfarbigen Haaren, oberseits rost-, unterseits gelbbraun; Flügel lang u. schmal.

Verbreitung: Vorwiegend SO-EU; nur lückenhaft bekannt, nirgends häufig; in D 1 Fund im 19. Jh..

Lebensweise Waldfledermaus, bevorzugt Laubwälder; Sommerquartiere z.T. mit Abendsegler, Rauhaut- und Zwergfledermaus; Wochenstuben und Winterquartiere in Baumhöhlen.

Breitflügelfledermaus *Eptesicus serotinus*

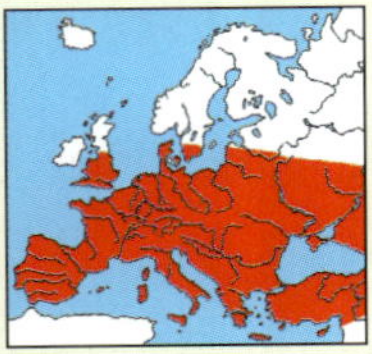

Ohrdeckel klein, rundlich

Merkmale: Große Art; KRL 6,26-8,2 cm, SL 4,6-5,4 cm, UL 4,8-5,7 cm, FS 31,5-38,1 cm, G 14,4-33,5 g; relativ kurze Ohren; langes Fell mit dunkelbrauner Haarbasis, oberseits dunkelrauchbraun mit z.T. leicht glänzenden Haarspitzen, unterseits gelbbraun, unscharfe Farbgrenze; Ohren und Schnauze schwarz, dunkel schwarzbraune Flughäute; Flügel breit; Jungtiere insgesamt dunkler.

Verbreitung: Ganz EU bis zum 55. Breitengrad sowie Lanzarote (Kanaren).

Lebensweise: Vorwiegend im Flachland, dort im Siedlungsraum (Hausfledermaus) mit Gärten, Wiesen, auch in Randgebieten von Großstädten und in Parks; Sommerquartiere (Wochenstuben) in Spalten an und in Gebäuden (im Dachfirst, unter Dachlatten, hinter Fassadenverkleidungen); Einzeltiere (♂) in Balkenkehlen, hinter Fensterläden, seltener in Fledermaus- oder Vogelkästen, in SO-EU auch in Karsthöhlen; Winterquartiere in Höhlen (auch im Bodenschotter), Stollen, Kellern, in den gleichen Gebäuden wie im Sommer (tiefe Balkenkehlen auf Dachstühlen, hinter Bildern in Kirchen), in Holzstapeln; meist einzeln (gelegentlich bis zu 4 Tiere beieinander) in Spalten oder frei an Decken und Wänden; eher ortstreue Art, aber wanderfähig.

Wissenswertes: B. fliegen gewöhnlich 20-30 Minuten nach Sonnenuntergang aus. Mit ruhigem, gleichmäßigem Flügelschlag jagen sie in 3-10 m Höhe oder dicht über dem Boden in Gärten, an Waldrändern, über Müllplätzen oder um Straßenlaternen nach Großinsekten (v.a. Käfer, Falter, Maulwurfsgrillen und Zweiflügler). Sie können ihre Nahrung auch vom Boden aufnehmen. **V, §!**

Ähnliche Art: ➪S.186

Nordfledermaus *Eptesicus nilssonii*

FAMILIE GLATTNASEN

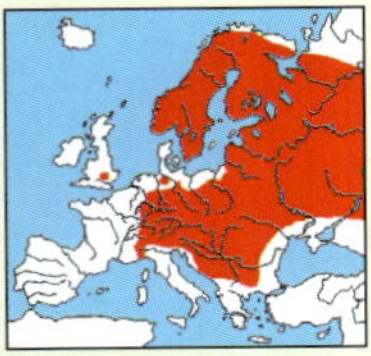

Ohrdeckel nach innen gebogen

Merkmale: Mittelgroß; KRL 5 5-6,4 cm, SL 3,5-5 cm, UL 3,81-4,28 cm, FS 24-28 cm, G 8-17,5 g; langes Fell, dunkelbraune Haarbasis, oberseits mit goldglänzenden Haarspitzen, auch auf dem Scheitel goldglänzende Haare; dunkler Nacken, nur hier scharfe Grenze zur gelbbraunen Unterseite.

Verbreitung: N-, M.-, O-EU; weltweit einzige Fledermausart, die sich auch noch nördlich des Polarkreises fortpflanzt.

Lebensweise: In M.-EU meist im Gebirgsvorland und in mittleren Gebirgslagen; Sommerquartiere (Wochenstuben) in Spalten an oder in Gebäuden, häufig schiefer- oder blechgedeckten Häusern (Erwärmung!); Winterquartiere in Höhlen oder Stollen; überwiegend ortstreu. **RL, §!**

Zweifarbfledermaus *Vespertilio murinus*

FAMILIE GLATTNASEN

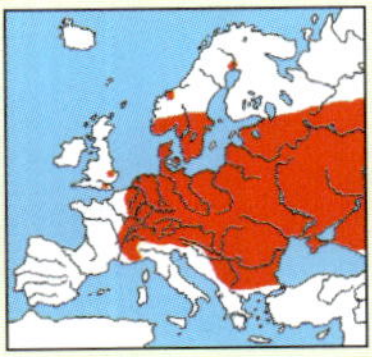

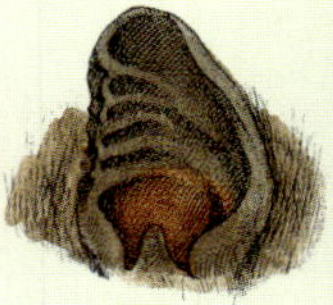

Ohrdeckel sehr klein

Merkmale: Mittelgroß; KRL 4,8-6,4 cm, SL 3,7-4,5 cm, UL 4-4,7 cm, FS 27-31 cm, G 12-20,5 g; einzige Fledermausart in EU mit 2 Paar Zitzen; langes, dichtes Fell, an Haarwurzeln schwarzbraun, oberseits mit silbrig weißen Spitzen, wie »schimmelig« wirkend; schmale Flügel.

Verbreitung: M.- und O-EU, im N etwa bis zum 60. Breitengrad.

Lebensweise: Lebt in waldigem Bergland, Steppenregionen, auch in Großstädten an hohen Gebäuden, im Gebirge bis in 1900 m Höhe; Sommerquartiere vorwiegend in Spalten an und in Gebäuden, hinter Fensterläden; Wochenstuben mit 30-50 ♀; Ausflug in der späten Dämmerung; schneller, geradliniger, oft hoher Flug. **(RL), §!**

Braunes Langohr *Plecotus auritus*

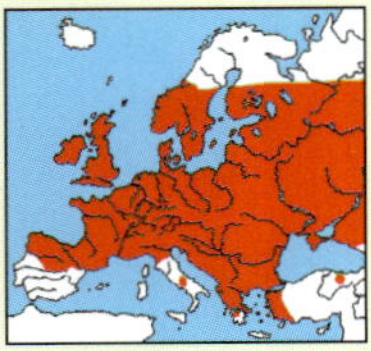

Merkmale: Mittelgroß; KRL 4,2-5,3 cm, SL 3,7-5,5 cm, UL 3,7-4,2 cm, FS 24-28,5 cm, G 4,6-11,3 g; auffallend lange Ohren, dünne, sich an der Basis berührende Ohrmuscheln, langer, spitzer Ohrdeckel; lockeres, langes Fell, dunkel graubraune Haarbasis; fleischfarbene Lippen; Ohren und Flughaut hell graubraun; Jungtiere fahlgrau, dunkles Gesicht; breite Flügel.

Verbreitung: Fast ganz EU, in Skandinavien bis zum 64. Breitengrad; in S-Spanien, S-Italien und S-Griechenland nicht nachgewiesen.

Lebensweise: Bewohnt Waldgebiete im Tiefland und Mittelgebirge, offene Baum- und Buschlandschaften, auch Parks und Gärten, aber ohne Bindung an Siedlungsräume; Sommerquartiere (Wochenstuben) in Baumhöhlen, ersatzweise in Vogel- und Fledermauskästen, an und in Gebäuden, in Dachböden mit Dachunterzug; Winterquartiere in Höhlen, Stollen, Kellern; ortstreu; Ausflug in später Dämmerung; langsamer, gaukelnder Flug; kann im Rüttelflug Beutetiere, vorwiegend Tag- und Nachtfalter, Raupen, Ohrwürmer und Spinnen, von Blättern, Zweigen oder Wänden ablesen.

△ *Fraßplatz*

Wissenswertes: Langohren falten beim Schlafen ihre Ohren nach hinten und klemmen sie unter die Unterarme. Nur die Ohrdeckel stehen dann nach vorn und täuschen kleine Öhrchen vor. **V, §!**

Graues Langohr *Plecotus austriacus*

FAMILIE GLATTNASEN

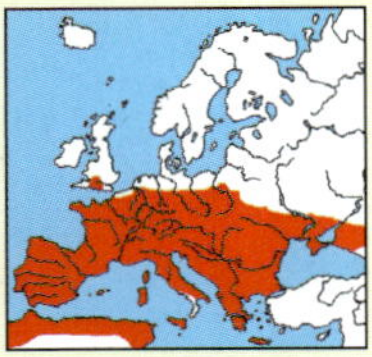

Merkmale: Mittelgroß, sehr ähnlich dem Br. Langohr, aber Schnauze länger und spitzer; KRL 4,1-5,8 cm, SL 3,7-5,5 cm, UL 3,7-4,45 cm FS 25,5-29,2 cm, G 5-13 g; Daumen im Unterschied zum Br. Langohr nicht länger als 6 mm; Fell lang, meist grauer.

Verbreitung: EU, nördl. in D und Polen etwa bis 53. Breitengrad, Ostseeküste nicht erreichend.

Lebensweise: Wärmeliebend, bevorzugt Kulturlandschaften, im N an Siedlungen gebunden; Hausfledermaus, meidet größere Waldgebiete; Sommerquartiere teils in Spalten in Gebäuden, teils frei im First, Einzeltiere auch in Höhlen, sehr selten in Fledermauskästen; Winterquartiere in Höhlen, Stollen, Kellern, auch zusammen mit Br. Langohr; ortstreu; Ausflug erst bei Dunkelheit; jagt oft im freien Luftraum und um Straßenlaternen, sammelt Beute auch vom Substrat ab. **RL, §!**

Ähnliche Art: ➪S.186

Mopsfledermaus *Barbastella barbastellus*

FAMILIE GLATTNASEN

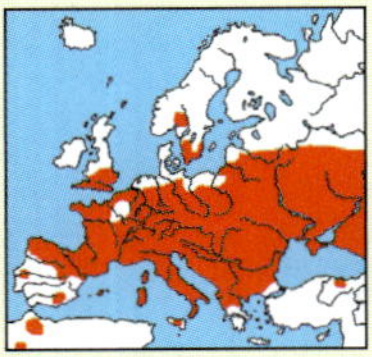

Merkmale: Mittelgroß; unverwechselbares Gesicht mit mopsartig gedrungener Schnauze; KRL 4,5-5,8 cm, SL 3,8-5,2 cm, UL 3,65-4,35 cm, FS 26-29 cm, G 6-13,5 g; seidiges, schwarzes Fell, schwarze Haarbasis; Oberseite mit weißlichen Haarspitzen; Flügel lang und schmal.

Verbreitung: EU bis etwa zum 60. Breitengrad, nirgendwo zahlreich.

Lebensweise: Bevorzugt waldreiche Vorgebirgs- und Gebirgsregionen; Sommerquartiere in Spalten an Gebäuden und Bäumen; im Winter kältehart (2-5 °C, seltener bis -3 °C), in Spalten und frei an Wänden, z.T. in großen Clustern; Ausflug in früher Dämmerung; jagt in schnellem Flug in Baumkronenhöhe nach kleinen Fluginsekten. **RL, §!**

Mutter mit Jungem

Langflügelfledermaus *Miniopterus schreibersii* FAMILIE GLATTNASEN

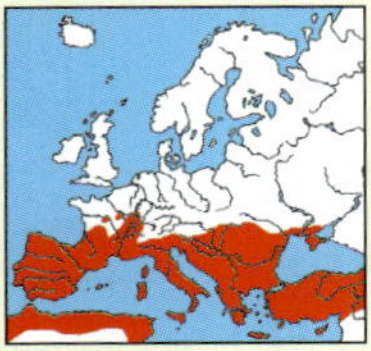

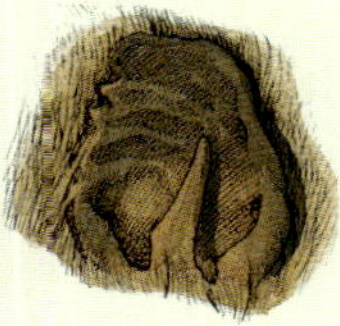

Merkmale: Mittelgroße Art KRL 5-6,2 cm, SL 5,6-6,4 cm, UL 4,5-4,8 cm, FS 30,5-34,2 cm, G 9-16 g; sehr kurze Schnauze, gewölbte Stirn; kurze, dreieckige Ohren; lange, spitze Flügel; kurzes Fell, am Kopf aufrecht stehend; Oberseite graubraun bis aschgrau, z.T. leicht lila schimmernd; Jungtiere grauer; erwachsene L. in Bulgarien und Rumänien mit gelb- bis zimtbraun gefärbtem Kehlfleck und ähnlich getönten Stirnhaaren.

Verbreitung: S- und SO-EU, im N bis zum 46. Breitengrad, in der Slowakei bis über den 48. Breitengrad hinaus.

Lebensweise: Ist in offenem, klimatisch begünstigtem Gelände vom Tiefland bis ins Gebirge sowie in Karstgebieten zu finden; Höhlenfledermaus; sehr gesellig; Sommerquartiere (Wochenstuben) in warmen, geräumigen Höhlen, Stollen, Kasematten, im N des Verbreitungsgebiets gelegentlich auch in größeren Dachräumen alter Gebäude; Wochenstuben oft mit mehr als 1000, im Höchstfall bis zu 14000 ♀; Winterquartiere in Höhlen (Temperatur 7-12 °C) frei an Decke oder Wand, z.T. in Trauben beieinander; bis zu 10000 L. in einem Winterquartier; im N wandernde Art.
Ausflug kurz nach Sonnenuntergang; L. fliegen sehr schnell, an Schwalben oder Segler erinnernd; jagen, oft weitab vom Quartier, im freien Luftraum nach mittelgroßen Fluginsekten.

Wissenswertes: Bei den L. findet im Gegensatz zu allen anderen europäischen Fledermausarten die Befruchtung sofort nach der Begattung statt. Während des Winterschlafs ruht die Embryonalentwicklung (Keimruhe), um im Frühjahr wieder einzusetzen. Bei allen anderen europäischen Fledermausarten werden die Spermien nach der Begattung im Uterus konserviert, um erst im Frühjahr beim Eisprung wieder aktiv zu werden. **RL!**

Bulldoggfledermaus *Tadarida teniotis* FAMILIE BULLDOGGFLEDERMÄUSE

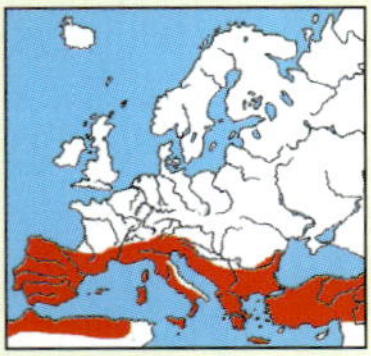

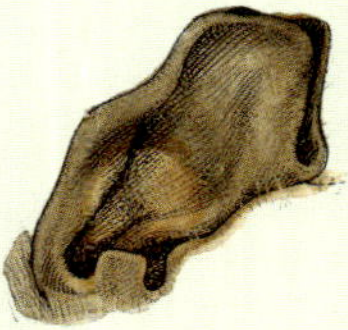

Merkmale: Große Art; KRL 8,1-9,2 cm , SL 4,4-5,7 cm UL 5,7-6,4 cm, FS um 41 cm, G 25-50 g; lange, breite Ohren, die nach vorn Augen und Gesicht überragen und sich an der Basis berühren; lange Schnauze; sehr schmale und lange Flügel; Schwanz zu 1/3 bis 1/2 aus der Flughaut ragend.

Verbreitung: S-EU, Mittelmeerraum, Kanaren; in den Alpen bis etwa 46° 20′ nördlicher Breite.

Lebensweise: Felsenfledermaus; besiedelt klimatisch warme Gebiete mit hohen Felswänden oder hohe Gebäude; Sommerquartiere in Felsspalten, Spalten in Mauern, Gebäuden, großen Höhlen, Uferfelsen; meist nur kleine Wochenstubenkolonien; Winterquartiere in Höhlen und Felsspalten; Winterschlaf wird oft, z.T. alle 5-10 Tage, unterbrochen, um selbst bei niedrigen Temperaturen auf Jagd zu fliegen; jagt in hohem, schnellem Flug nach großen Fluginsekten; ruft laut und weit hörbar mit scharfen »tsick«-Lauten oder Pfeiftönen.

Wissenswertes: Beim Kriechen in den engen Spalten fungiert das freie Schwanzende der B. als Tastorgan.

Nilflughund *Rousettus aegyptiacus*

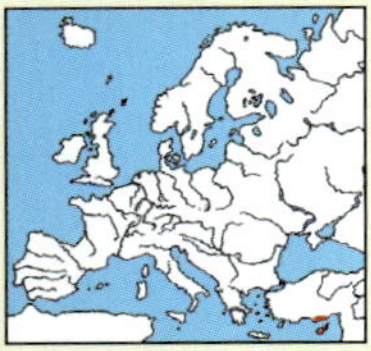

Merkmale: Große Art; KRL 13,3-16,8 cm, SL 1,7-2,5 cm, UL 8,9-10 cm, FS um 60 cm, G 135-175 g; ♂ immer größer als ♀; am 2. Finger eine funktionslose Kralle; Fell graubraun, bauchseits und am Nacken etwas heller und gelblicher, Kopfoberseite dunkler; Jungtiere ähnlich gefärbt, aber kürzeres Fell.
Verbreitung: Von allen Flughunden am weitesten nach NW vorkommend; äußerster S der Türkei, Israel, Jordanien, Iran, Pakistan, Saudi Arabien, Ägypten (Nildelta); bis in 1970er-Jahre noch große Kolonien auf Zypern; aufgrund von Verfolgung wegen Schäden in Obstplantagen heute dort nur noch in kleinen Gruppen.
Lebensweise: Im Frühjahr übertagen N. auch freihängend an hohen Bäumen, im Winter hingegen ausschließlich in Höhlen. N. halten keinen Winterschlaf. Als reine Fruchtfresser verzehren sie auch Plantagenobst. Die Obstbauern sehen in den Flughunden nur Ernteschädlinge ohne zu erkennen, dass die Tiere oft durch Fruchtfliegen oder Pilze vorgeschädigte Früchte verzehren und ihnen dadurch sogar hilfreich sind. Die Jungen, meist 1 pro ♀, werden in den Höhlen im III/IV oder VI/VII geboren. Sie öffnen nach ca. 9 Tagen die Augen und werden noch im 1. Lebensjahr geschlechtsreif.
Wissenswertes: In den dunklen Höhlen oder bei tiefer nächtlicher Dunkelheit orientieren sich N. mit Echoortungslauten, die sie als Doppelklicks mit der Zunge erzeugen. Ansonsten finden sie sich wie alle Flughunde optisch mithilfe ihrer hervorragenden Nachtaugen zurecht.
Während jagende Fledermausmütter ihre Jungen im Quartier zurücklassen, nehmen Flughund-♀ die Kleinen auf ihren abendlichen Nahrungsflügen mit. Die Jungen halten sich dabei mit den Zähnen an einer Zitze der Mutter, mit den Zehen an deren Bauchfell fest.

Magot *Macaca sylvanus*

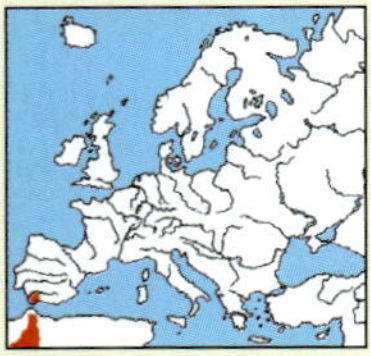

Merkmale: Größe wie ein mittelgroßer Hund, kräftiger, gedrungener Körper, schwanzlos; KRL 38-76 cm, G 5-13 kg; dichter, dicker Pelz, durchgängig gelb-ockerfarben; schwanzlos.
Verbreitung: In EU nur Gibraltar; sonst N-Afrika.
Lebensweise: M. sind vorwiegend bodenlebende Bewohner der Zedern- und Eichenwälder des mittleren Atlas (Marokko und Algerien), meist zwischen 1500 und 2000 m Höhe. Sie leben in Mehrmännchengruppen von 12-40 Tieren, deren Reviere 1,2-1,7 qkm groß sind. Darin wechseln sie zwischen Nahrungsplätzen, Wasserstellen und Schlafplätzen (letztere meist in Felshöhlen). Als Allesfresser ernähren sich die hervorragend kletternden und springenden Tiere von Blättern, Bast und Samen von Zedern, Beeren, Kräutern, Knospen, Sprossen, Wurzeln, Insekten und kleinen Wirbeltieren. Die ♀ bringen nach etwa 7 Monaten Tragzeit je 1, selten 2 Junge zur Welt. Diese sind mit 6-12 Monaten erwachsen.
Wissenswertes: Die M. oder Berberaffen wurden auf dem Felsen von Gibraltar wahrscheinlich von Menschen eingebürgert. Zumindest hat man den Bestand mehrfach durch in N-Afrika gefangene Tiere ergänzt. Weil nach alter Überlieferung die Engländer ihren militärischen Stützpunkt auf Gibraltar mit dem Verschwinden der M. verlieren würden, standen die Affen unter der besonderen Obhut des Militärs. Einst lebte eine weitere Horde 20 Jahre frei im Wald des Ritterguts Windhausen bei Kassel. Graf Martin von Schlieffen, der spätere Staatsminister von Hessen-Kassel, hatte die M. 1763 aus Afrika mitgebracht. Nach einer Tollwutinfektion ließ er jedoch alle Tiere töten. Möglicherweise waren die Windhausener M. Vorbild für Wilhelm Buschs »Fips, der Affe«. Die noch etwa 25 000 in N-Afrika lebenden Tiere sind heute durch Bejagung und durch Lebensraumzerstörung bedroht. **B**

Ordnung Hasentiere

Mit den Familien Hasenartige (Hasen und Kaninchen) und Pfeifhasen ist diese Ordnung mit 11 Gattungen und 58 Arten bis auf die Antarktis fast weltweit verbreitet. Wegen ihres Nagetiergebisses und der Schädelform zählte man früher die Hasentiere zu den Nagern. Beide Gruppen entwickelten sich jedoch unabhängig zum Nagertyp, wobei die Hasentiere im Gegensatz zu den Nagetieren zwei Paar Schneidezähne im Oberkiefer besitzen, das zweite Paar als kleine Stiftzähnchen hinter den großen vorderen Schneidezähnen. Eine weitere Besonderheit ist ihre doppelte Verdauung. Hasentiere scheiden zweierlei Kot aus. Der von Mikroorganismen im geräumigen Blinddarm aufgearbeitete Nahrungsbrei enthält wertvolle Proteine und einen höheren Vitamingehalt als die ursprüngliche Pflanzennahrung. Während der Ruhephasen wird dieser Blinddarminhalt ausgeschieden und dann noch einmal verzehrt. Hasentiere sind vielfach Einzelgänger, manche Arten bilden Gruppen mit einem Sozialgefüge oder große Gesellschaften. Bis auf einige Baue grabende Kaninchenarten leben sie meist oberirdisch, fast immer in offenen, deckungsreichen Landschaften.

Kämpfende Feldhasen

Feldhase *Lepus europaeus*

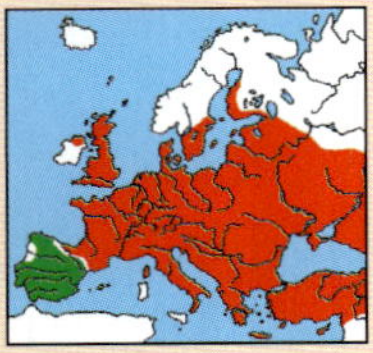

Merkmale: Mittelgroß; KRL 48-76 cm, SL 7-12,5 cm, Ohren 9-15 cm, G 2,5-8 kg; lange Hinterbeine; Fell mit helleren und dunkleren Brauntönen, Bauch sowie Schwanzunterseite rein weiß, Schwanzoberseite und Ohrspitzen stets schwarz; Geschlechter bei der Beobachtung nicht unterscheidbar.

Verbreitung: EU außer N-Skandinavien, in Irland eingebürgert; ostwärts bis Mittelasien, ferner NW-Afrika. (Wird auf der Iberischen Halbinsel durch den Andalusischen Hasen *L. granatensis*, ⇨S.186, in Verbreitungskarte grün, vertreten.)

Lebensweise: Ursprünglich ein Steppenbewohner; höchste Populationsdichten in Ackerbaugebieten mit hoher Bodenqualität und warm-trockenem Klima (»Zuckerrübenböden«, Rheinebene), kommt in M.-EU jedoch in allen Landlebensräumen bis zur alpinen Waldgrenze und sogar im geschlossenen Wald vor; dämmerungs- und nachtaktiv; ernährt sich von Kräutern, Gräsern, Kulturpflanzen, Knospen, Zweigen und Rinde; typisches Fluchttier, das sich regungslos in eine gescharrte Mulde (»Sasse«) duckt oder schnell laufend (bis zu 70 km/h), springend (2 m hoch und 2,70 m weit!), Haken schlagend, schwimmend und sogar kletternd flüchtet.

Der F. lebt in Gruppen mit festen Rangordnungsbeziehungen und Gruppenrevieren. In der Paarungszeit (in M.-EU I-VIII) kommt es immer wieder zu größeren Ansammlungen von F. Rivalisierende ♂ liefern sich dann Boxkämpfe um die ♀. Nach einer Tragzeit von 42-43 Tagen bringen die ♀ jeweils 1-5 Junge zur Welt. Diese werden behaart und mit offenen Augen geboren (Nestflüchter), nur ein- oder zweimal pro Tag gesäugt und werden mit rund 30 Tagen bereits entwöhnt. Die ♀ können kurz vor der Geburt erneut befruchtet werden.

Wissenswertes: Die F.-Bestände haben seit Ende der 70er-Jahre drastisch abgenommen. Die Hauptgründe dafür sind die Intensivierung der Landwirtschaft mit häufigeren und früheren Mähtermine zur Silagegewinnung und großflächigen Monokulturen (etwa nahrungslose Maisäcker) sowie die Zunahme des Straßenverkehrs. 1977 und 78 brachen die Hasenbestände bundesweit ein, doch seit etwa 1995 wachsen sie wieder an. Dabei sind die Gründe für den Einbruch ebenso unklar wie die für den neuerlichen Anstieg der Bestandszahlen.

Der F. stellt Beute dar für viele behaarte und gefiederte Räuber. Der Einfluss der einzelnen Beutegreiferarten ist dabei jedoch unklar. Sicher ist nur, dass hohe Fuchsbestände die F.-Bestände drücken können: Viele Füchse bedeuten wenige Hasen. Der F. leidet auch an so manchen Krankheiten. Insgesamt erreicht daher nur etwa jeder 5. Junghase das Erwachsenenalter.

Bejagung schadet den F.-Populationen eigentlich nicht, sofern nicht mehr Tiere geschossen werden als dem jährlichen Nettozuwachs der Population entspricht. Da aber die nichtjagdlichen Verluste in unserer Umwelt immer größer werden (auch durch manche Raubfeinde, die von dieser Umwelt profitieren, etwa Füchse und Krähenvögel), müssen sich die Jäger heute mit entsprechend weniger Beute bescheiden, wollen sie die F.-Bestände nicht gefährden. **RL, §!**

Ähnliche Arten: ⇨S.186.

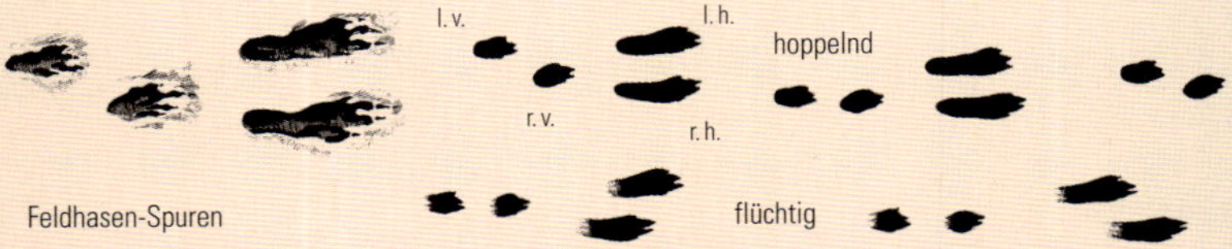

Feldhasen-Spuren

Junghase

Losung

Sasse

Schneehase *Lepus timidus*

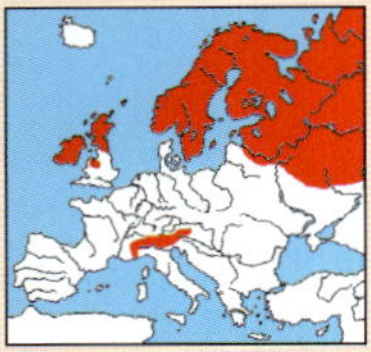

Merkmale: Etwas kleiner und kürzer als ein Feldhase; KRL 48-68 cm, SL 4-7 cm, Ohrlänge 6-10 cm, G 1,7-5,8 kg; Kopf kürzer als beim Feldhasen; Fell im Sommer rotbraun bis bräunlich grau, im Winter rein weiß; Ohrenspitzen immer schwarz, Schwanz immer rein weiß.

Verbreitung: Nominatform *Lepus timidus timidus* im nördlichen Eurasien von Irland bis Sachalin; im Alpengebiet die kleinere Unterart *Lepus timidus varronis.*

Lebensweise: Der S. bewohnt die nördliche Waldzone und Tundra bis zur asiatischen Steppe, in den Alpen die Nadelwaldregion, Krummholzzone und darüber. Lawinenstriche, Windwurfflächen und Kahlschläge bilden im Waldgürtel bevorzugte, knospenreiche Nahrungsgründe. Tagsüber lagern die gesellig lebenden Tiere zwischen Steinen und Sträuchern, auch in selbst gegrabenen »Burgen« und Schneetunnels. Sie ernähren sich vielseitig von Kräutern, Gräsern und Beerensträuchern, im Winter von Zweigen, Knospen und Rinde. In seiner Nahrungswahl zeigt sich der S. viel anspruchsloser als der Feldhase.

Wissenswertes: Der S. war nach der Eiszeit in ganz M.-EU verbreitet. Heute lebt er im borealen Nadelwald (Taiga) und in der Tundra sowie in hoch gelegenen Nadelwäldern und waldfreien Regionen der Alpen ab etwa 1300 m bis in rund 3000 m Höhe. Er ist hervorragend an einen kalten, schneereichen Lebensraum angepasst: Weißes Winterfell (Tarnung vor Feinden), stark behaarte, breite, spreizbare Pfoten (Schneeschuhprinzip bei lockerem Tiefschnee), relativ kurze Ohren (wenig Wärmeabstrahlung).

Wegen der rauen klimatischen Bedingungen in seinem Lebensraum gibt es in einer S.-Population weniger Zuwachs als bei Feldhase oder Kaninchen. Zweimal, manchmal auch dreimal im Jahr wirft das ♀ nach einer Tragzeit von rund 50 Tagen 1-5 Junge. Die Kleinen kommen behaart und sehend zur Welt, werden etwa 1 Monat lang gesäugt und werden rasch selbstständig.

Der Lebensraum des S. überlappt sich teilweise mit dem des Feldhasen. Kreuzungen zwischen beiden Arten kommen vor, sind aber unfruchtbar. Der S. stellt eine wichtige Beute für den Steinadler dar, weitere Fressfeinde sind Fuchs und Uhu.

In manchen Alpenländern gilt der S. heute als gefährdet. Jagdstatistiken zeigen aber, dass seine Populationen geringer schwanken als die des Feldhasen. Eine drastische Bestandsabnahme wie beim Feldhasen ist beim S. nicht festzustellen. Daraus kann geschlossen werden, dass seine Lebensräume noch weitgehend intakt sind.

In Südtirol und der Schweiz wird der S. traditionell mit Bracken gejagt, in D ist er völlig geschont. **(RL), §!**

Trittspur

Wildkaninchen *Oryctolagus cuniculus*

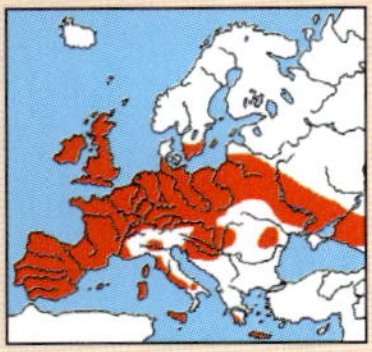

Merkmale: Hasenähnlich aber kleiner, Kopf rundlicher mit kürzeren, stets aufgerichteten Ohren; KRL 35-45 cm, SL 4-8 cm, Ohrlänge 6-8,2 cm, G 1-3 kg; Oberseite sandfarben, bräunlich, selten hellgrau oder schwarz, Bauchseite grauweißlich; dichtes, wolliges Fell; Ohren ohne schwarze Spitzen.

Verbreitung: Ursprünglich nur in Spanien und NW-Afrika; schon im Altertum im übrigen EU ausgesetzt und verbreitet; heute in EU bis S-Schweden, ostwärts bis zur Weichsel.

Lebensweise: W. sind Bewohner deckungsreicher, trockenwarmer Landschaften mit sandigen Böden. Sie graben weit verzweigte Baue und bilden Großfamilien mit strenger Rangordnung (1 erwachsenes ♂, mehrere ♀ und Junge). Bei Gefahr schlagen sie zur Warnung mit den Hinterbeinen auf den Boden (Trommeln). Die Jungen, pro Wurf 1-9, maximal 14, kommen nach einer Tragzeit von 28-31 Tagen nackt und blind zur Welt (»Nesthocker«). Mit ca. 4 Wochen sind sie ausgewachsen. Nahrung und Feinde (Hermelin, Rotfuchs, Wolf, Luchs, große Greifvögel) ähnlich wie beim Feldhasen (⇨S.56).

Wissenswertes: W. leben heute in vielen Städten in großer Zahl. Sie können dort durch ihr Graben und das Verbeißen von Gehölzen und Gartenpflanzen lästig werden. In Australien wurden sie ausgesetzt und entwickelten sich in der Folge zu einer Landplage. In EU wurden 1952 W. absichtlich mit Myxomatose, einer Viruskrankheit, infiziert, um die Bestände einzudämmen (krankes Tier s. Foto Mitte rechts). Die Populationen haben sich jedoch nach einem vorübergehenden Einbruch wieder erholt und sind inzwischen weniger empfindlich gegen das Virus. Typischerweise machen W. alle 9-10 Jahre starke Populationsschwankungen durch. Die Ursachen dafür sind nicht völlig geklärt. Das W. ist die wilde Stammform sämtlicher Hauskaninchen und »Stallhasen«. **§!**

Ähnlich: **Östliches Baumwollschwanz-Kaninchen** *Sylvilagus floridans*, etwas kleiner als das Wildkaninchen; gräbt keine Baue, sondern scharrt Mulden; heimisch in Amerika, vom südlichsten Kanada, O- und SW-USA bis Mexiko, Venezuela, westliches Costa Rica und Kolumbien; zu Jagdzwecken in Frankreich und Italien eingebürgert, in N-Italien noch in Splitterpopulationen vorkommend.

Links: Kaninchenbau; unten: Fraßspuren an Rinde

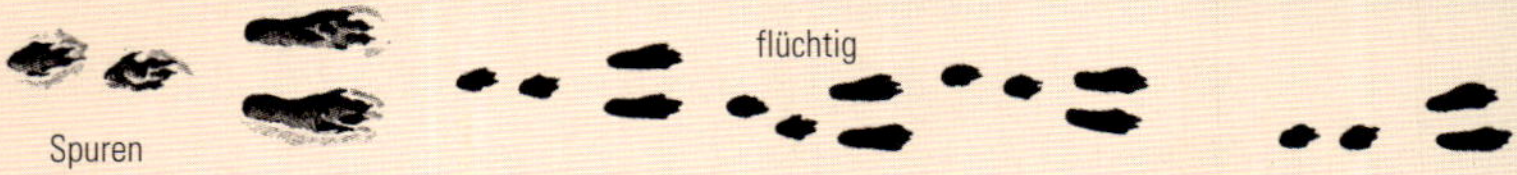

Ordnung Nagetiere

Mit über 1700 Arten in 36 Familien sind die Nagetiere die artenreichste Säugetierordnung. Gemeinsame Merkmale sind je ein Paar große, meißelartige, immer wachsende Schneidezähne im Ober- und Unterkiefer, eine lange Zahnlücke, das Backenzahngebiss sowie fehlende Eckzähne. Nagetiere verzehren vorwiegend Pflanzen (Blätter, Samen, Früchte, Knollen, Wurzeln), aber auch Insekten und andere Wirbellose, selten Fische und Aas. Außer dem aktiven Flug beherrschen sie sämtliche von Säugern bekannten Fortbewegungsweisen. Mit Ausnahme der Antarktis und einiger kleiner ozeanischer Inseln sind Nagetiere weltweit verbreitet und besiedeln alle Lebensräume, von Gewässern bis Hochgebirge. Winzling unter den Nagern ist mit 5 cm Länge und 5 g Gewicht die Amerikanische Zwergmaus, den Größenrekord halten die südamerikanischen Wasserschweine mit bis zu 130 cm Länge und 70 kg Gewicht. Nagetiere gebären Nesthocker, die bei der Geburt gerade mal 1% der Mutter wiegen, oder aber Nestflüchter mit einem Geburtsgewicht von fast 10% der Mutter. Viele Nagetiere leben gesellig, manche Arten halten Winterschlaf.

Haselmaus

Eichhörnchen *Sciurus vulgaris*

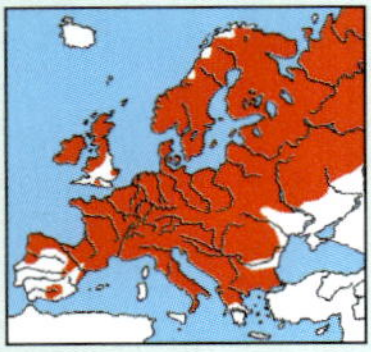

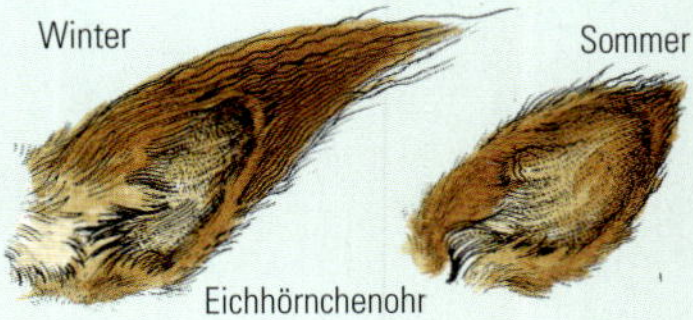

Eichhörnchenohr

Merkmale: Unverwechselbar; fast körperlanger, buschiger Schwanz; KRL 20-25 cm, SL 15-20 cm, G 200-480 g; Fellfärbung sehr variabel, von hellrot bis fast schwarz, Unterseite immer reinweiß; im Winter an den Ohrspitzen auffällige Haarbüschel, im Sommer nur angedeutet; Winterfell hell- bis dunkelgraubraun; Hand- und Fußflächen im Sommer unbehaart, Hand mit 6, Hinterfuß mit 4 Schwielen; Jungtiere mit weniger Leithaaren, dadurch Fell wolliger wirkend, zudem kurzes, dichtes Schwanzhaar.

Verbreitung: Waldregion Eurasiens von England im W über ganz EU und Asien bis Japan und Sachalin im O; in einigen Gebieten ausgesetzt (z.B. in Dänemark, auf Irland, Texel und Amrum); im Mittelmeergebiet auf bewaldete Teile beschränkt, auf Inseln fehlend; im Hochgebirge bis zur Baumgrenze.

Lebensweise: Die tagaktiven E. sind als Baumtiere an eine kletternde Lebensweise hervorragend angepasst. Selbst an glatten Stammflächen können sie mit ihren spitzen Krallen an Fingern und Zehen und den kräftigen Hinterbeinen kopfvoran nach unten klettern. Der Schwanz dient dazu, auf dünnen Zweigen das Gleichgewicht zu halten und bremst die Fallgeschwindigkeit beim Sprung in die Tiefe. Feinde des E. sind vor allem Baummarder, Zobel, Habicht und Uhu. E. durchstreifen Gebiete bis ca. 50 ha ohne ausgeprägtes Territorialverhalten. Außerhalb der Paarungszeit leben sie einzeln. Während der Paarungszeit von XII bis VI/VII veranstalten die ♂ wilde Hetzjagden hinter den ♀ her. E. bauen in den Baumkronen kugelförmige Reisignester, sog. Kobel (kl. Foto), die sie mit weichem Material auspolstern, bauen Nester von Rabenvögeln um oder polstern Baumhöhlen aus. Die 3-5 Jungen werden nach einer Tragzeit von 38 Tagen als Nesthocker blind und nackt geboren. Mit 9 Wochen sind sind sie erwachsen, die ♀ mit 1 Jahr geschlechtsreif. Neben Lauten von Knurren bis Keckern und Schnalzen verständigen sich E. durch Schwanz- und Ohrenbewegungen.

Wissenswertes: Weil sie auf Baumsamen angewiesen sind, ist für E. das Baumalter in einem Wald wichtiger die Baumarten. Sie können sich nur dort ständig halten, wo das Samenangebot der Bäume nie ganz versiegt. Samen von Nadelbäumen, Bucheckern, Eicheln, Haselnüsse, ferner Walnüsse, Hainbuchensamen, Ross- und Edelkastanien, aber auch Triebe, Beeren, Obst, Rinde, Knospen und Pilze gehören neben Vogeleiern, Jungvögeln, Kerbtieren und Schnecken zu ihrer Nahrung. Der tägliche Nahrungsbedarf liegt zwischen 35 g (Winter) und 80 g (Frühling).

E. halten keinen Winterschlaf. Sie sammeln Vorräte, die sie vergraben, in Baumhöhlen verstecken oder in Rindenritzen und Astgabeln festklemmen. Nüsse oder Eicheln legen sie bevorzugt an Baumwurzeln und -stämmen ab. Dabei merken sie sich ihre Verstecke nicht, sondern finden sie im Winter durch Absuchen des Geländes mithilfe ihres ausgezeichneten Geruchssinns wieder. **§!**

Grauhörnchen *Sciurus carolinensis*

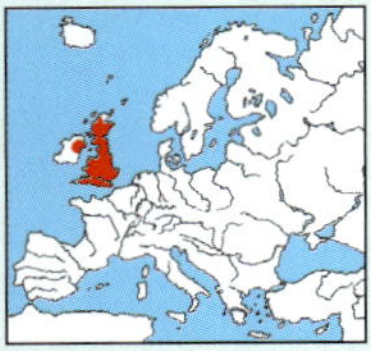

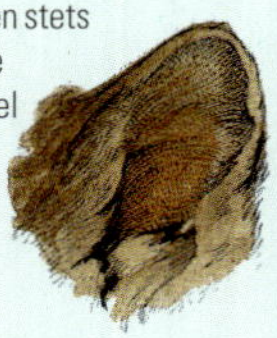

Ohren stets ohne Pinsel

Merkmale: Etwas größer als ein Eichhörnchen; KRL 20- 28 cm, SL 20-24 cm, G 350-750 g, meist um 500 g; Sommerfell rötlich gelb bis rotbraun, im Winterfell Rücken grau; Kehle u. Bauch weißlich, Schwanz weiß gesäumt, heller Ring ums Auge.

Verbreitung: Heimisch in den USA (v.a. O-Hälfte) bis etwa kanad. Grenze; in EU in England, Irland u. Schottland (zwischen 1876 und 1929 ausgesetzt).

Lebensweise: Bevorzugt Laub- und Mischwälder, auch in Parks; tagaktiv, wenig scheu, am Boden schneller, dafür beim Klettern langsamer als Eichh.; ernährt sich ähnlich, bevorzugt aber Eichen, von denen es Früchte und unreife Blüten verzehrt; leckt gern austretenden Baumsaft ab, frisst auch Garten- und Feldfrüchte (z.B. reifenden Weizen); sammelt ebenso wie Eichh. Wintervorräte, die es am Boden vergräbt, seltener in Baumhöhlen oder Geäst versteckt; Nest (Kobel) aus beblätterten Zweigen, 30-60 cm groß, mit Gras oder Blättern ausgekleidet, meist in einer Astgabel. Ein- bis zweimal im Jahr kommen nach einer Tragzeit von rund 40 Tagen 1-4, meist 2 oder 3 Junge zur Welt. Viele ♀ haben während der Jungenaufzucht 2 Nester und ziehen bei Störung oder manchmal auch ohne erkennbaren Anlass mit den Nestjungen um. Im Winter suchen G. auch Baum- oder Erdhöhlen auf. Die ♀ sind dann oft mit den Jungen beider Würfe aus dem vergangenen Jahr in einem Nest zu finden. Ihre vielfältige Lautgebung reicht von Knurren bis Zähnewetzen.

Wissenswertes: Umstritten ist, ob die G. in England das Eichhörnchen verdrängt haben, dessen Bestände schon vor der Ausbreitung des G. durch Krankheiten bedingt zurückgingen.

Ähnliche Art: ➪ S. 186.

Flughörnchen *Pteromys volans*

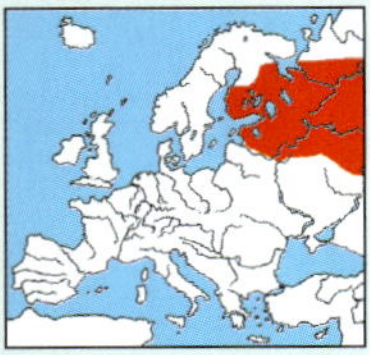

Merkmale: Kleiner als Eichhörnchen, etwa so groß wie Siebenschläfer; zwischen Vorder- und Hintergliedmaßen kann eine breite, dicht behaarte Flughaut ausgespannt werden; KRL 13,5-20,5 cm, SL 9-14 cm, G 90-170 g; Körperoberseite gelblich, silbrig oder dunkelgrau, Unterseite weißlich, buschiger Schwanz grau mit rostgelbem Anflug; Ohren kurz, ohne Haarbüschel; große Augen.

Verbreitung: Taigagebiete, von Finnland im W bis Sachalin und Japan im O.

Lebensweise: F. brauchen naturnahe, alte Wälder, in denen neben Nadelbäumen v.a. Birken und Erlen vorkommen. Kennzeichend ist ihre Fähigkeit zum Gleitflug, in dem sie von Baumkronen aus 30-40 m weite Strecken gleitend überbrücken können. Die Flughaut spannen sie mithilfe eines schwertförmigen Knorpels, der von der Handwurzel nach hinten gerichtet ist. Mit Bein- und Schwanzbewegungen vermögen sie ihren Gleitflug hori-

zontal wie vertikal zu steuern. Beim Landen, meist an einem Baumstamm, wirkt die Flughaut wie ein Bremsfallschirm.

Die dämmerungs- und nachtaktiven Tiere schlafen tagsüber in einem Kugelnest aus Gräsern, Moos und Flechten, das meist in ehemaligen Bunt- oder Schwarzspechthöhlen in Espen angelegt wird. Sie benutzen aber auch Nistkästen oder Hohlräume in Gebäuden oder bauen ihre Kugelnester frei in Fichtenwipfeln. Erst eine halbe Stunde nach Sonnenuntergang werden F. aktiv und beginnen mit der Nahrungssuche: Knospen, Blätter und Blüten, gelegentlich Eier und Junge aus Vogelnestern, im Herbst Beeren und Baumsamen, im Winter v.a. Birken- und Erlenkätzchen, zur Not auch Koniferennadeln und Rinde. Weil F. selbst im hohen N keinen Winterschlaf halten, ist das Anlegen von Futterreserven wichtig. Zwischen 50 und 1000 g Kätzchen, Nüsse und Samen tragen sie dazu in Baumhöhlen ein.

Alpenmurmeltier *Marmota marmota*

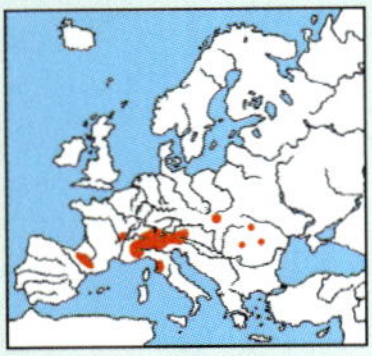

Merkmale: Etwa hasengroß, größter Vertreter der Hörnchen-Familie, unverwechselbar; KRL 47-61 cm, SL 13-20 cm, G 4-8 kg; Behaarung dicht, dunkel graubraun, Unterseite heller; kurzer, buschiger Schwanz mit schwarzer Spitze; kurzer Kopf, kurze, breite, wenig zugespitzte Schnauze, kleine Ohren, die durch den umgebenden Pelz fast verdeckt sind, kräftige Füße mit stumpfen Grabeklauen; bis zu 5 Paar Zitzen.

Verbreitung: Stark zersplittertes Areal; beheimatet nur in den W-Alpen, im W-Teil der O-Alpen (Schweiz, Frankreich, Italien, W-Österreich, in D im W-Allgäu und Berchtesgadener Land) und in der Hohen Tatra; erfolgreich ausgesetzt in französischen Pyrenäen, Neuenburger Jura, Freiburger Voralpen, Schwarzwald, Schwäbischer Alb, am Passo del Vivione (Provinz Bergamo) und in der Niederen Tatra; missglückte Ansiedlungsversuche im Thüringer und Bayerischen Wald.

Lebensweise: Die tagaktiven M. besiedeln in Familiengruppen waldfreie Flächen zwischen 800 m und 3200 m Höhe. Dies können Grashänge mit einzeln stehenden Laubhölzern, von Nadelwald, Grünerlen- oder Latschenfeldern umstandene Almen, Hochtalkessel und Kare oder Felsregionen mit Geröllfeldern und Bergkämme mit spärlicher Vegetation sein. Energiereiche Gräser, Knospen, Kräuter, Samen und Wurzeln werden verzehrt und ermöglichen den M. die Anlage notwendiger Fettreserven für den langen Winterschlaf. Ihren Winterschlaf verbringen die Tiere zusammengerollt im mit trockenem Gras ausgepolsterten Schlafkessel ihrer umfangreichen Baue. Neben Wohn- und Schlafbauen legen M. auch Fluchtröhren an. In einer Kolonie halten einzelne Tiere auf erhöhten Stellen oft »Männchen machend« Wache, um bei nahender Gefahr (Steinadler, Uhu, Kolkrabe oder Raubsäuger) mit schrillen Pfiffen ihre Artgenossen zu warnen, die dann blitzartig in den Röhren verschwinden.

Während der Paarungszeit von IV bis Mitte V besetzen die ♂ Reviere, die sie verteidigen und mit einem Sekret aus ihren Wangendrüsen markieren. Nach einer Tragzeit von 33-44 Tagen bringen die ♀ 1-7 (durchschnittlich 3) Junge zur Welt, die mit 4-5 Wochen erstmals den Bau verlassen, mit rund 40 Tagen erwachsen und mit 2 Jahren geschlechtsreif sind.

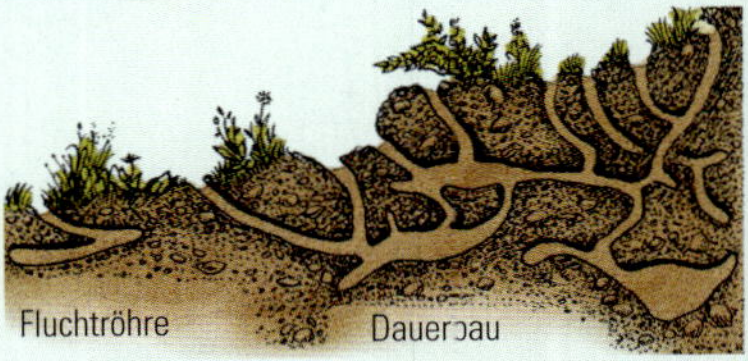

Wissenswertes: Um den Hochgebirgswinter zu überleben, halten M. von X-IV gemeinsam Winterschlaf. Sie verlieren dabei etwa 35% ihres Herbstgewichts. Herzschlag, Atmung und Stoffwechsel sind stark gedrosselt, die Körpertemperatur fällt von 37 °C auf unter 5 °C ab. Bei Tieren, denen man Minisender eingepflanzt hatte, war festzustellen, dass sich die M.-Familie beim Schlafen gegenseitig warm hält. Ohne mitwärmende ältere Geschwister würden es die M.-Eltern kaum schaffen, die letztgeborenen Jungen mit ihren geringen Fettdepots über den Winter zu bringen. Spezielle Wärmefühler der M.-Haut nehmen offenbar gegenseitige Temperaturdifferenzen wahr und veranlassen die Älteren, zugunsten der Kleinen mehr Wärme zu erzeugen. Alle 15 Tage werden die Schlafphasen unterbrochen. Bei allen M. steigt dann die Körpertemperatur auf 37 °C an, die Tiere gehen nacheinander zum Urinieren in eine Nebenhöhle, um anschließend wieder gemeinsam weiterzuschlafen. Diese Synchronisierung spart Stoffwechselenergie und ermöglicht das Überleben der ganzen Familie. **(RL)**

Europäischer Ziesel *Spermophilus citellus*

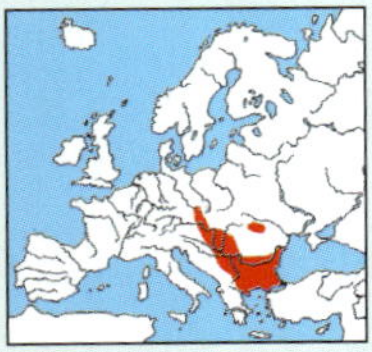

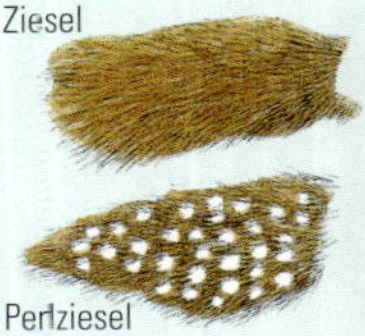

Merkmale: Knapp eichhörnchengroß; schlanke Gestalt, kurze Ohren; KRL 18-23 cm, SL 3,8-7,4 cm, G 170-430 g; Oberseite gelblich grau, dicht mit weißgelblichen Tupfen besetzt, Bauchseite gelblich, Kehle und Kinn weißlich; kurze, anliegende Fellhaare, im Winter länger, straffer und steifer.

Verbreitung: M.- und SO-EU, von Polen über Tschechien und Österreich nach S-EU einschließlich der Balkanländer.

Lebensweise: Die reinen Tagtiere bewohnen offene Landschaften, bevorzugen unbebaute Flächen mit niedriger, kümmerlicher Grasvegetation wie abgewirtschaftete Wiesen, Feldraine und Dämme, Kulturland mit Luzernefeldern, meiden Wälder, feuchte Gebiete und können im Gebirge bis in 2500 m Höhe vorkommen. Im Vergleich zum Perlziesel sind sie weniger an echte Steppengebiete angepasst. Z. verzehren Samen, Blätter und Wurzeln von Gräsern, Luzerne, Klee, zeitweise auch zahlreiche andere Feldfrüchte. Z. legen keine Vorräte in ihren Bauen an, tragen aber die Nahrung zum Verzehren oft vor den Bau. Es gibt 2 Arten von Bauen: Dauerbaue mit Nest, in denen die Tiere die Nacht verbringen, ihre Jungen aufziehen und den Winter in tiefer Lethargie bei herabgesetzter Körpertemperatur verschlafen, sowie einfache Röhren als Schutzbaue, in die sie bei Gefahr flüchten oder die sie zu kurzer Ruhe aufsuchen. Die ♀ bringen nach ca. 25 Tagen Tragzeit jeweils 2-9 Junge zur Welt, die bei der Geburt nur etwa 6 g wiegen, rund 30 Tage gesäugt werden und im Alter von 1 Jahr die Geschlechtsreife erreichen.

Wissenswertes: Z.-Bestände gehen durch Intensivierung der Landwirtschaft zurück. Mit den schrumpfenden Offenflächen im S der Pannonischen Ebene wechselten Z. in Flächen mit höherem Bewuchs und leben versteckter. **RL!**

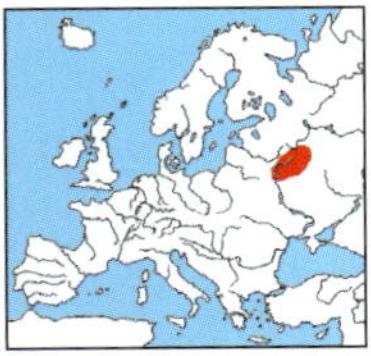

Ähnlich: **Perlziesel** *Spermophilus suslicus,* etwas kleiner als Europäischer Ziesel, Schwanz kürzer; KRL 19-22 cm, SL 3-4,6 cm, G 200-350 g; Oberseite dunkelbraun, Rücken mit deutlichen, 3-5 mm großen weißen Flecken, die durch in Gruppen stehende Grannenhaarspitzen gebildet werden, Bauch gelbgrau, Brust, Hals und Augenring weiß.

Verbreitet in den Steppengebieten von SO-Polen über NO-Rumänien ostwärts bis etwa zur Wolga und Oka.

Die strikt tagaktiven Tiere leben überwiegend auf Löß- und Lehmböden, ursprünglich in offenen Steppen, kommen auch auf Brachen, Getreidefeldern und Weiden vor. Dort ernähren sie sich vorwiegend von Gräsern und Getreide, im Frühjahr v.a. von grünen Pflanzenteilen, fressen aber auch Insekten und kleine Wirbeltiere. Ihr Bausystem ist noch verzweigter als das des Europ. Ziesels. Als Signale geben sie hohe, melodische Pfiffe von sich. Vorräte (Gräser, Getreide und verschiedene Pflanzenknollen) tragen sie spärlich und nur im Sommer in den Bau ein. Feinde des P. sind Katze, Hund, Fuchs, Steppeniltis, Hermelin, Mauswiesel, verschiedene größere Greifvögel, Störche, Großmöwen, Kolkraben und Schlangen (Vierstreifennatter und Balkanpfeilnatter). P. paaren sich in den ersten 14 Tagen nach dem Erwachen aus dem Winterschlaf und nur einmal jährlich. **§!**

Europäischer Biber *Castor fiber*

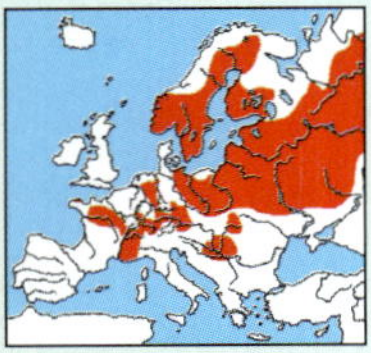

Merkmale: Größtes Nagetier von EU; fuchsgroße, plumpe Gestalt, Schwanz (Kelle) breit, abgeplattet, schuppenbedeckt und unbehaart; KRL 80-100 cm, SL 30-40 cm, G 23-35 kg; Geschlechter äußerlich nicht unterscheidbar; zu verwechseln mit Nutria (kleiner) und Bisamratte (viel kleiner, beide mit schmalem Schwanz).

Verbreitung: Ehemals in ganz Eurasien; durch menschliche Verfolgung fast ausgestorben.

Lebensweise: Bewohnt Flussauen; vorwiegend dämmerungs- und nachtaktiv; guter Schwimmer und Taucher (bis zu 20 Minuten); lautes Aufschlagen der Kelle aufs Wasser als Warnsignal; lebt in Familien mit dies- u. letztjährigen Jungen. B. gestalten ihren Lebensraum aktiv. Neben Erdbauten legen sie Burgen an und regulieren durch Dammbauten den Wasserstand ihrer Wohngewässer so, dass die Eingänge des Baus ganzjährig unter Wasser liegen. Während sie im Sommer von Sumpfpflanzen, Blättern und Zweigen leben, aber auch von Mais und Zuckerrüben, verzehren sie im Winter hauptsächlich Rinde. Dazu sowie zum Bau der Burgen und Dämme fällen B. Bäume, vorzugsweise Weichholzbäume. Abgebissene Zweige werden als Wintervorrat ins Gewässer und in den Bau geschleppt.

Wissenswertes: In EU wurden B. bis auf Restvorkommen an der Rhone, in S-Norwegen, an der Elbe und in Russland ausgerottet. Man stellte ihnen nach wegen des Bibergeils (einem Drüsensekret, dem in der Volksmedizin wundersame Heilkräfte zugeschrieben wurden), als Fastenspeise (die katholische Kirche rechnete B. wegen ihres »schuppigen« Schwanzes zu den Fischen), wegen ihres wertvollen Pelzes und aufgrund der von ihnen angerichteten Schäden an Bäumen und Ufern. In den letzten Jahrzehnten wurden B. jedoch in mehreren Ländern mit Erfolg wieder angesiedelt, u.a. 1967 in Bayern. Dort ist der Bestand innerhalb von 30 Jahren auf über 2000 Tiere angewachsen und hat sich auf etwa ein Drittel der Landesfläche sowie nach Tschechien ausgedehnt. Fast alle Donau-Nebenflüsse und Seitenbäche sind heute wieder von B. besiedelt. Zudem wurden mehrere 100 Tiere, die sich in ungeeigneten Gebieten eingefunden hatten, eingefangen und in anderen Ländern ausgesetzt. V.a. durch ihre Grabetätigkeit können B. in der Zivilisationslandschaft erhebliche Probleme und hohe Kosten verursachen. Sie durchlöchern nicht nur Dämme und setzen Äcker unter Wasser, sie bringen auch Klärbecken und Fischteiche zum Auslaufen. Forstliche Schäden durch das Fällen von Bäumen sind hingegen viel seltener. Der größte Teil der Biberaktivität ist auf den unmittelbaren Uferbereich begrenzt. Kleinere Bachsysteme können sie dagegen durch Dammbau und Bäumefällen erheblich bereichern, indem sie Stillwasserzonen schaffen, die Wasserfläche vergrößern und das Waldkronendach lichten. Dadurch entstehen Lebensvoraussetzungen für viele andere Arten. **RL, §!**

Warnsignal

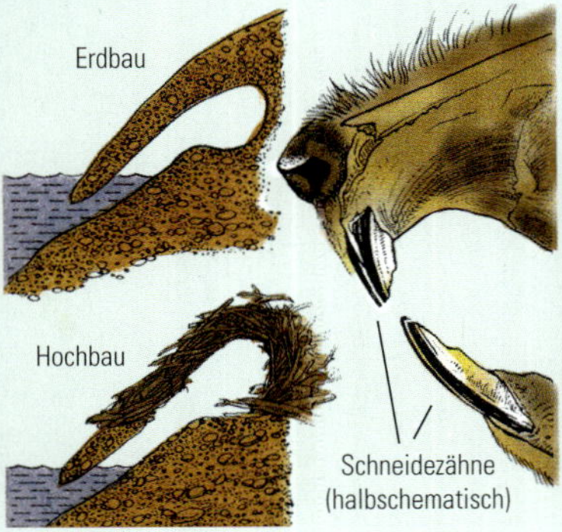

Biberstaudamm

Biberburg

Hamster, Feldhamster *Cricetus cricetus*

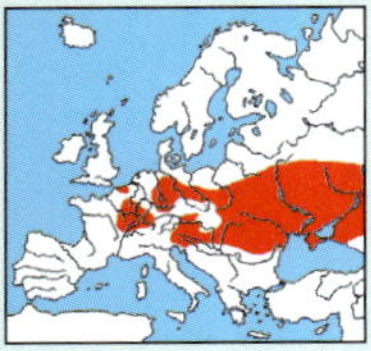

Merkmale: Größte Art der Hamsterfamilie in EU; KRL 20-27 cm, SL 5-7 cm, G 220-460 g; »bunte« Fellfärbung mit schwarzem Bauch, dichtes, kurzes Fell, am Rücken gelb- bis rotgraubraun, an Lippen, Kehle, unterhalb der Ohren, an Armansätzen und Innenseite der Schenkel weiße bis gelblich weiße Flecken; auch schwarze Tiere mit weißen Füßen, Schecken, Gelblinge und rein weiße Exemplare.

Verbreitung: In W-EU in kleinen Gebieten Frankreichs, der Niederlande und Belgiens sowie von D nach O bis zum Jenissej und Altai-Gebirge.

Lebensweise: Hauptverbreitungsgebiete sind die Steppen von O-EU. Bei uns bevorzugen H. reich strukturierte Agrarlandschaften mit tiefgründigen Löß- und Lehmböden. Die nachtaktiven, ungesellig lebenden Tiere sind typische Bodenbewohner und können gut laufen, springen und schwimmen. Bei Gefahr ebenso wie bei Auseinandersetzungen mit Artgenossen setzen H. auf Imponieren: Sie richten sich auf, wetzen vernehmlich ihre Nagezähne und fauchen laut. Der Kopf kann dabei durch Aufblasen der Backentaschen vergrößert werden. Den eigenen Bau und dessen Umgebung sowie das Territorium des ♀ markieren H. mit einem Flankendrüsensekret. Die Tiere graben tiefe Gangsysteme (im Sommer bis zu 60 cm, im Winter bis zu 2 m tief) mit bis zu

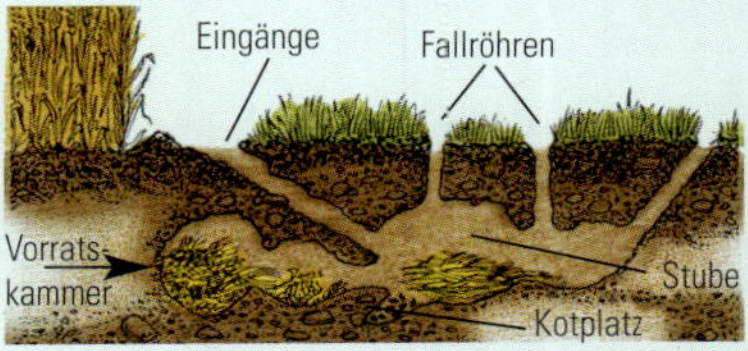

10 m langen Gängen sowie Wohn- und Vorratsräumen (»Kesseln«), in denen sie bis auf die Zeit der Jungenaufzucht allein leben.

Die 4-11, im Mittel 8 Jungen kommen nach einer Tragzeit von 17-20 Tagen zur Welt. Sie werden nackt und blind mit einem Gewicht von 4-6 g geboren. Bereits mit 3-4 Wochen werden sie entwöhnt und selbstständig, mit 2,5-3 Monaten sind sie ihrerseits fortpflanzungsfähig.

Die abwechslungsreiche Nahrung der H. besteht aus Samen (v.a. Getreidekörner und Hülsenfrüchte), Wurzeln, Knollen, Gräsern, Schnecken, Regenwürmern, Käfern, Heuschrecken, Fröschen, Mäusen und Jungvögeln von Bodenbrütern. In ihren Backentaschen tragen sie 1-2 kg, sogar bis zu 15 kg Vorräte in den Bau. Während kurzer Unterbrechungen des von IX-II dauernden Winterschlafs zehren die Tiere von den Vorräten, verlieren aber trotzdem noch zwischen 20-30 % ihres Gewichts.

Wissenswertes: Die aktuelle Bestandsituation ist durch Zusammenbruch der Populationen, Arealverluste bzw. zunehmende Verinselung der Vorkommen gekennzeichnet. Wurde der H. früher als Ernteschädling bekämpft und seines Fells wegen gefangen, ist heute die intensive landwirtschaftliche Bodenbearbeitung mit sofortigem Umbruch abgeernteter Felder, mit Bodenverdichtung, mineralischer Überdüngung und tiefgründigem Pflügen Hauptursache seines Rückgangs. **RL, §!**

Ähnliche Art: ⇨ S. 186.

Baueingang

Ähnlich: **Rumänischer Goldhamster** *Mesocricetus newtoni,* kleiner und kurzschwänziger als der H.; KRL 13,5-16 cm; SL 1,8-2,6 cm; Fell oberseits mittelgrau, auf Vorderrücken schwarzer Aalstrich, Bauchseite hellgrau; Brust und Kehle schwarz, hinter dem Ohr schwarz-weiße, schräg verlaufende Zeichnung; trockene Steppengebiete Bulgariens und Rumäniens. **§!**

Winterschlaf

Berglemming *Lemmus lemmus*

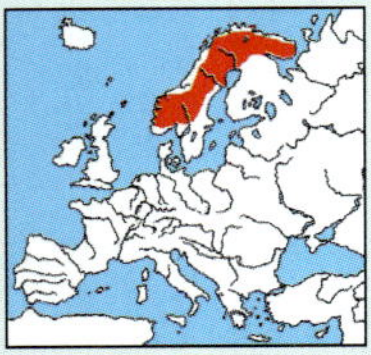

Merkmale: Bunte Wühlmaus mit schwarzer, gelb- und rotbrauner Fellfarbe am Rücken; KRL 10-15 cm, SL 1-2 cm, G 40-130 g; walzenförmiger Körper, lang und dicht weißlich behaarte Fußsohlen, kurzer Schwanz, kleine, fast ganz im Fell verborgene Ohren.

Verbreitung: N-EU, von Skandinavien über N-Finnland bis zur Halbinsel Kola; Arealgrenze wegen Massenwanderungen in Lemmingjahren schwankend.

Lebensweise: B. leben als nachtaktive Einzelgänger in der Moos- und Krautschicht von Fjell und Tundra mit Ortswechseln zwischen Sommer und Winter. Die Tiere suchen im Winter die alpine Region mit den Grasheiden und felsenreichen Gebieten auf. Die dauerhafte Schneedecke ist hier vor allem für die Erhaltung ihrer Futterpflanzen wichtig. Im Sommer sind die alpinen Plätze zu trocken, sodass die B. dann feuchtere Stellen in tieferen Lagen wie Moore und Bachränder, z.T. auch ausgedehnte Birkenwälder und moosreiche Nadelwaldregionen besiedeln. Wenn dort im Winter das gefrierende Oberflächenwasser ihre Futterpflanzen einschließt, weichen sie wieder in Dauerschneeregionen aus. B. ernähren sich von Moosen und Gräsern sowie Beeren und Knospen von Zwerggehölzen.

Wissenswertes: B. sind sowohl gegen Artfremde wie Artgenossen sehr aggressiv. Das bunte Fell dient möglicherweise als Warnsignal, wenn die Tiere unter Fauchen, Zähnezeigen und Aufrichten ihre oft größeren Gegner anspringen und beißen. Nach Massenvermehrungen entstehen, ausgelöst durch die Nahrungsverknappung, große Lemmingzüge, auf denen die Tiere massenhaft in großen Seen und Flüssen ertrinken können oder im offenen Meer abgetrieben werden.

Berglemming Waldlemming Halsbandlemming (N-Asien)

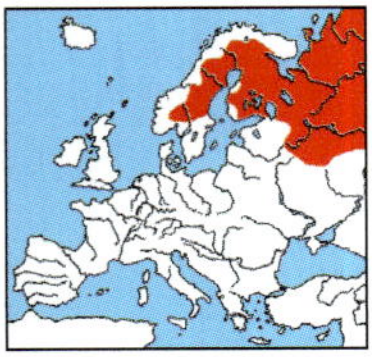

Ähnlich: **Waldlemming** *Myopus schisticolor,* mit 8-11 cm KRL etwas kleiner als der Berglemming; Fell asch- bis schiefergrau mit zimtbraunem Sattel; Ohren schauen etwas aus dem Fell.

Lebt in der Waldzone der Paläarktis von Skandinavien ostwärts bis zum Altai, in der Mongolei, Mandschurei und auf Kamtschatka; in EU in frischen, moosreichen (Fichten-)Wäldern, in W- und NW-Skandinavien Arealgrenze des W. mit der der Fichte zusammenfallend.

Die überwiegend nachtaktiven Tiere ernähren sich von den Spitzen und Sporenkapseln von Moosen, von Binsen, Simsen, Seggen u.a. Gräsern, von Früchten der Preiselbeere und Schachtelhalm, verschmähen aber Flechten. Vor allem infolge ihrer Fraßtätigkeit entsteht ein dichtes Netz von Gängen, die teils eingeschnitten im Moos, teils unter der Moosdecke verlaufen. W. paaren sich meist zwischen IV und VIII. Die ♀ ziehen jährlich 2-4 Würfe in einem Nest auf. Die jeweils 2-8 Jungen werden nach einer Tragzeit von 21 Tagen geboren und sind mit 20 Tagen bereits erwachsen. Bei W. sind ausgesprochene Massenvermehrungen nicht bekannt. Allerdings können zyklische Bestandserhöhungen die im Gegensatz zum Berglemming weniger wanderfreudigen und agressiven W. zu Wanderungen veranlassen. In Finnland gilt der W. als bedrohte Art, da sein Optimalbiotop, die urwüchsigen, moosreichen Wälder, wegen der Waldwirtschaft immer seltener wird.

Rötelmaus *Clethrionomys glareolus*

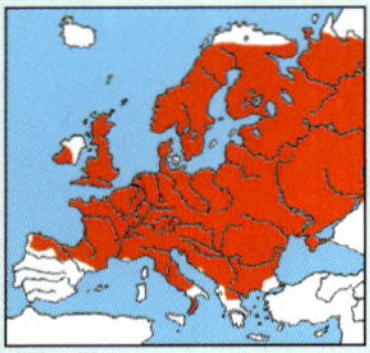

Merkmale: Farbigste einheimische Wühlmaus; KRL 8-13,5 cm, SL 3,5-7 cm, G 15-40 g; rotbrauner Rücken; von Erd- u. Feldmaus (⇨S.82) durch vorstehende Ohren und längeren Schwanz unterscheidbar.

Verbreitung: EU außer S-EU und den äußersten N, ostwärts bis W-Sibirien, außerdem Kleinasien.

Lebensweise: R. bewohnen Unterholz- und vegetationsreiche Laub- und Mischwälder, auch Flurgehölze und Parks. Wie alle Wühlmäuse legen sie ihre Baue in der Erde an, wobei die Gänge oberflächennah verlaufen und in der Laubschicht enden.

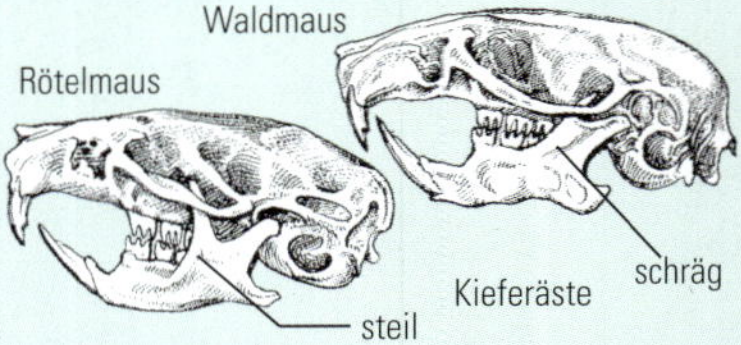

Die Nester liegen unter Baumwurzeln oder in -stümpfen. Im Gegensatz zu anderen Wühlmäusen klettern R. oft bis zu 5 m hoch auf Bäume und Sträucher. Sie verzehren Kräuter, Gräser, Blätter, Früchte, Samen, wirbellose Tiere, und legen Vorratslager unter dem Laub an. Im Winter benagen sie auch Rinde (linkes kl. Foto). Die ♀ gebären in jährlich 2-4 Würfen je 2-8 Junge. Hauptfeinde der R. sind Waldkauz, Marder und Wildkatze. *Ähnliche Arten:* ⇨S.186 f.

Schermaus *Arvicola terrestris*

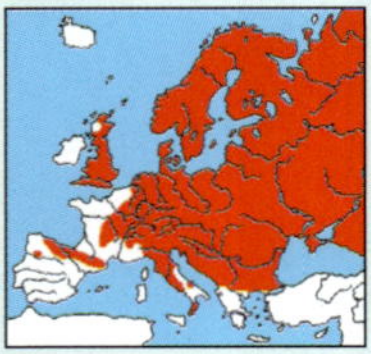

Merkmale: Große Wühlmaus, variiert stark in Größe u. Färbung; KRL 14-20 cm, SL 6-10 cm, G 70-320 g.

Verbreitung: EU, Asien bis zum Baikalsee, von Kleinasien bis zum Iran.

Lebensweise: Die sehr anpassungsfähigen S. leben an Bächen, Teichen und Seen, bewohnen aber auch Wiesen, Gärten, Äcker, Dünen und Wälder und kommen bis in 2400 m Höhe vor. Zwar ohne besondere Schwimmanpassungen, können die Tiere dennoch gut schwimmen (»Laufschwimmen«) und tauchen. In Steilufern graben sie weit verzweigte unterirdische Gangsysteme mit Nestern, Vorratskammern und Zugängen unter und über dem Wasserspiegel. Abseits von Gewässern legen sie oberflächennahe Gänge im Boden an, die als Erdwälle erkennbar sind. Neben den Eingängen befinden sich oft Erdhaufen, die mit Maulwurfshügeln verwechselt werden können.

Nach einer Tragzeit von 3 Wochen werden jährlich 2- bis 5-mal 1-11 Junge geboren, die im Alter von 3 Wochen geschlechtsreif sind. S. leben zumindest zeitweilig paarweise zusammen. Sie ernähren sich von Wasserpflanzen, Schilf, Kräutern, Wurzeln, Gräsern, Feldfrüchten und Knollen. *Ähnlich:* **Südwesteuropäische Schermaus** *Arvicola sapidus*, etwas größer als die Schermaus; Iberische Halbinsel sowie N- bis Mittelfrankreich; immer in Wassernähe; wird zunehmend von der konkurrierenden Bisamratte (⇨S.80) verdrängt.

Bisamratte *Ondatra zibethicus*

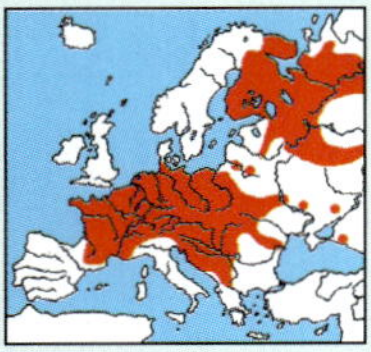

Merkmale: Kaninchengroße, an das Wasserleben angepasste Wühlmaus; KRL 25-35 cm, SL 20-25 cm, G 600-1800 g; schuppiger Schwanz mit einzelnen Haaren, seitlich zusammengedrückt; kleine Ohrmuscheln, durch einen Ohrdeckel (Tragus) wasserdicht verschließbar, kleine Augen; Hinterfüße viel größer als die Vorderfüße, durch seitliche Schwimmborsten und Schwimmhäute am Zehengrund als Ruder dienend; Fell oberseits dunkel- bis kastanienbraun, am Bauch schiefergrau; Jungtiere oberseits graublau.

Verbreitung: Ursprünglich N-Amerika; 1905 bei Prag ausgesetzt, von dort und gestützt durch andere Aussetzungen über ganz M.-EU verbreitet; in Großbritannien 1927 ausgesetzt und 1939 wieder ausgerottet; in vielen Teilen von EU und Asien weiter in Ausbreitung begriffen.

Lebensweise: B. sind vorwiegend dämmerungs- und nachtaktiv, können aber gelegentlich auch tagsüber beobachtet werden. Die ganzjährig aktiven Tiere halten keinen Winterschlaf. Sie besiedeln heute fast alle Gewässer. In grabfähigen Ufern legen sie Erdbaue an, deren Eingang sich gewöhnlich unter Wasser befindet, während der Wohnkessel über dem Wasserspiegel liegt. Die Baue reichen vom einfachen Fluchtbau bis zum komplizierten Galeriesystem mit Eingängen und Wohnkesseln auf verschiedenen Etagen. Beim Fehlen grabfähiger Ufer sowie im Winter legen die Tiere im Flachwasser Kegelburgen an, für die sie im Gegensatz zum Biber keine Äste, sondern krautige Pflanzenteile der Umgebung verwenden. Die stumpf kegelförmigen Burgen ragen 35-175 cm aus dem Wasser und haben einen Durchmesser

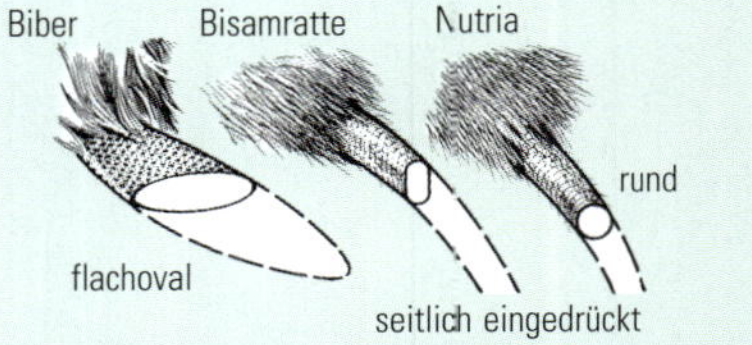

von 85-430 cm und einen Rauminhalt bis zu 12 m³. Zu ihrer Errichtung wird die Vegetation in großem Umkreis oft völlig beseitigt.

B. paaren sich in M.-EU am häufigsten im III/IV, ihre Fortpflanzungsperiode endet aber erst im Spätsommer. Im Verlauf des Sommers wirft ein ♀ 2- bis 3-mal nach einer Tragzeit von 28-30 Tagen jeweils 5-8 Junge, die mit einem Gewicht von rund 20 g zur Welt kommen. Nach etwa 2 Wochen im Mutterbau machen sie ihre ersten Ausflüge. Im Frühling und Herbst verlassen viele Jungtiere die Elternreviere, um z.T. weit abzuwandern.

Während der Vegetationszeit fressen B. Teile von Schilf, Simsen, Rohrkolben, Fieberklee, Laichkraut, Teichrose, Schwertlilie, Rohrglanzgras, aber auch Landpflanzen (Gemüse, Mais, Obst), im Winter verzehren sie zusätzlich Muscheln und Wasserschnecken. Über 1000 aufgebissene und ausgefressene Muschelgehäuse, v.a. Maler- und Teichmuscheln, können sich im Laufe des Winters an einem B.-Fraßplatz anhäufen (kl. Fotos unten). Seltene Muschelarten können durch die B. in ihrem Bestand durchaus gefährdet sein. Natürlicherweise sind Nerz und Otter die Hauptfeinde des B. Bei uns jagen die noch vorhandenen Beutegreifer wie Fuchs, Iltis, Steinmarder, Eulen, Greifvögel, aber auch Hunde und Katzen die B.

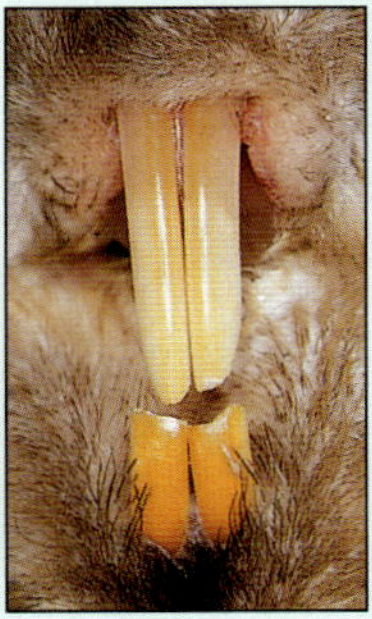

Wissenswertes: Wegen ihrer starken Grabetätigkeit, bei der sie Uferböschungen u. Dämme unterminieren, werden B. amtlich bekämpft. Allein in D wurden zwischen 1915 und 1957 1,5 Millionen Tiere erlegt, doch ist die B. in EU und Asien wohl nicht mehr auszurotten.

Bisambau

Erdmaus *Microtus agrestis*

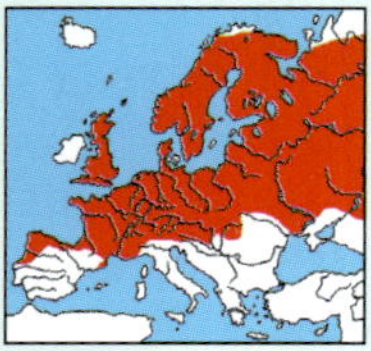

Merkmale: Langhaariger, brauner und dunkler als die Feldm.; KRL 10-13 cm, SL 3,2-4,5 cm, G 25-55 g; Schwanz mit Haarpinsel.
Verbreitung: Weite Teile von EU, nach O bis zur Mongolei und nach N-China.
Lebensweise: Bevorzugt krautige und vergraste Stellen mit dichter Bodenvegetation, besiedelt sowohl feuchte Biotope wie trockene Hochstaudenfluren, Kahlschläge und Forstkulturen; gesellig; erwachsene Tiere einer Kolonie nutzen Streifgebiete von 200-1000 qm; beinahe ganzjährig fortpflanzungsfähig; bis zu 6 Würfe im Jahr mit jeweils 4-7(10) Jungen, die ihrerseits mit 2 Monaten bereits geschlechtsreif sind erwachsene ♀ teilweise abwandernd, junge ♀ im mütterlichen Gebiet bleibend; Nahrung Gräser, Binsen, Kräuter, Samen, Wurzeln, im Winter häufig Rinde von Bäumen und Sträuchern (Forstschädling!).

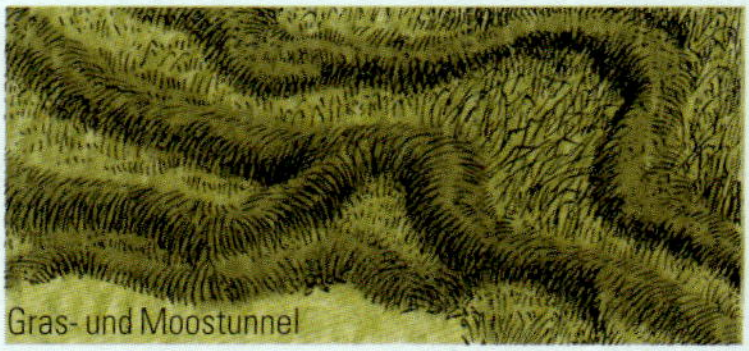

Gras- und Moostunnel

Wissenswertes: E.-Populationen zeigen alle 2-4 Jahre ausgeprägte zyklische Dichteschwankungen. Von normalerweise 10-15 Tiere pro ha kann die Dichte dann bis auf 300 Tiere pro ha ansteigen.
Ähnlich: **Cabreramaus** *Microtus cabrerae*, größer als die Feldmaus, auf dem Hinterrücken auffällig lange Leithaare; Iberische Halbinsel.
Levantewühlmaus *Microtus guentheri*, etwas größer als die Feldmaus; auf trockenem Gelände im östlichen Mittelmeergebiet.
Südfeldmaus *Microtus rossiaemeridionalis*, etwas größer und dunkler als eine Feldmaus; in EU von der Balkanhalbinsel nach O sowie im Baltikum und in Finnland.

Feldmaus *Microtus arvalis*

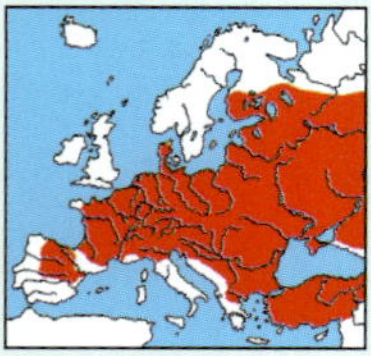

Merkmale: KRL in M.-EU 9-12 cm, SL 2,5-4,5 cm, G 20-40 g; Oberseite gelbgrau Unterseite heller; kurzer Schwanz.
Verbreitung: EU, Mittelasien bis Mandschurei.

Turmfalke fing Feldmaus

Lebensweise: Besiedelt v.a. nicht zu feuchtes Gras- und Kulturland (Wiesen, Weiden, Äcker, Gärten, Randstreifen); tag- und nachtaktiv; legt unterirdische Baue mit Wurfhöhlen, Vorratskammern und mehreren Gängen an und nagt oberirdisch Laufgänge in die Vegetation; frisst grüne Teile von nährstoffreichen Gräsern und Kräutern, Samen, unterirdische Pflanzenteile und wirbellose Tiere; hortet im Herbst bisweilen Nahrung in den Vorratskammern; Fortpflanzung ganzjährig möglich; 3-6 Würfe im Jahr mit je 2-12 Jungen, die im Alter von 14 Tagen ihrerseits schon wieder fortpflanzungsfähig sind.

Wissenswertes: Die F.-Dichte beträgt für gewöhnlich 25-500 Tiere pro ha, kann aber auch bis über 1000 Tiere ansteigen. Alle 2-4 Jahre kommt es zu zyklischen Massenvermehrungen mit darauf folgenden Zusammenbrüchen der Population. Sie beeinflussen stark den Fortpflanzungserfolg der auf Wühlmäuse spezialisierten Beutegreifer wie Mauswiesel, Mäusebussard, Steinkauz und Schleiereule.

Mittelmeer-Kleinwühlmaus *Microtus duodecimcostalus* WÜHLMÄUSE

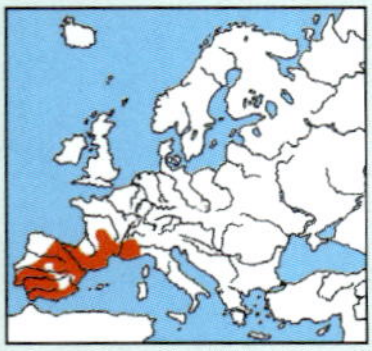

Merkmale: KRL 7,5-10,5 cm, SL 2,1-3,2 cm, G 14-28 g; weiches Fell, oberseits gelblich, unterseits silbergrau; relativ kurzer Schwanz.
Verbreitung: Große Teile der Iberischen Halbinsel sowie S-Frankreich.

Lebensweise: Die dämmerungs- und nachtaktiven Tiere bewohnen Wiesen, Äcker, Ödland, vegetationsreiche Fluss- u. Bachufer, gebüschreiche Kiefernwälder bis in 2000 m Höhe. Ihre Gangsysteme legen sie dicht unter der Erde an, die Zugänge zur Nestkammer werden mit Erde abgedeckt. M. fressen Wurzeln, Gräser und Hülsenfrüchte.
Ähnliche Arten: ⇨S.187

Alpen-Kleinwühlmaus *Microtus multiplex* FAMILIE WÜHLMÄUSE

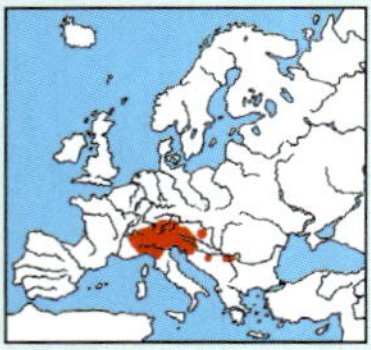

Merkmale: Sehr ähnlich der Kurzohrmaus, etwas größer, längere, weißliche Hinterfüße; KRL 9-11,5 cm, SL 2,8-4,2 cm, G 19-31 g; wolliges, braunes Rückenfell, Bauchseite grauweiß bis gelblich getönt.
Verbreitung: Südalpen (Frankreich, Schweiz, Italien, Österreich), Oberitalien, Jugoslawien.

Lebensweise: A., auch Fatio-Kleinwühlm. genannt, leben i. A. paarweise in Gangsystemen, die oft von anderen Kleinsäugern angelegt wurden. Bevorzugte Lebensräume sind Wiesen, Hecken, Weinberge, Gemüsegärten und Edelkastanienwälder, im N auch alpine Rasen. Ihre Nahrung besteht vorwiegend aus Pflanzen, die rund um die Bauausgänge gesammelt werden. Pro Wurf kommen 2-4 Junge zur Welt, wobei die Zahl der jährlichen Würfe von Standort und Klima abhängt.

Nordische Wühlmaus *Microtus oeconomus* FAMILIE WÜHLMÄUSE

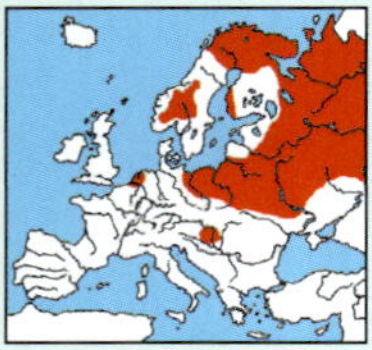

Merkmale: KRL 8,5-16 cm, SL 2,4-7,2 cm, G 35-90 g; Ohren fast völlig im Pelz verborgen; Rückenmitte schwarzbraun, Bauchseite und Füße grau, Flanken heller mit gelblichem Anflug; im Winter insgesamt etwas heller.
Verbreitung: N-EU bis O-Sibirien, N-Kanada und Alaska; in M.-EU einzelne isolierte Vorkommen.

Lebensweise: Bewohnt feuchte, sumpfige Wiesen, Moore, Verlandungszonen, Schilf- und Binsenflächen (Zweitname »Sumpfmaus«), in N-EU im Winter auch trockenere Biotope, selbst Häuser; schwimmt und taucht sehr gut; dämmerungs- u. nachtaktiv, im Winter auch tagaktiv; Gangsysteme je nach Standortfeuchte oberirdisch in dichter Vegetation oder unterirdisch, Nester in Grasbülten, Schilfhaufen oder als Erdbauten; Nahrung v.a. Seggen, Wollgras, Schilf, im Winter Rinde. **RL, §!**

Kurzohrmaus *Microtus subterraneus* FAMILIE WÜHLMÄUSE

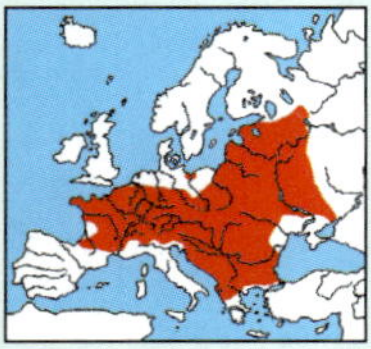

Merkmale: KRL 7-10 cm, SL 2-4 cm, G 14-22g; kleiner als eine Feldmaus, Augen und Ohren sehr klein, die nur wenig behaarten Ohrmuscheln fast völlig im maulwurfsartigen Fell versteckt; Rücken dunkel graubraun gefärbt, Unterseite hellgrau mit silbrigem Anflug, Schwanz meist deutlich zweifarbig.
Verbreitung: Frankreich, N-Italien bis zur Ukraine.

Lebensweise: Besiedelt feuchte Laubwälder, Pestwurzfluren und Hochgrasbestände bis hin zu Bergwiesen (2300 m Höhe) und Gärten, besonders gern Grenzlinien zwischen Feld und Wald (Hecken), daher typische Art kleinparzellierter Landschaften; gesellig; nacht- und dämmerungsaktiv; legt unterirdische Laufgänge mit Schlafnestern an; oberirdische Wechsel verdeckt; Nahrung rein pflanzlich; jährlich 3-8 Würfe mit meist 2-4 Jungen; keine so ausgeprägten Populationsschwankungen wie bei anderen Wühlmäusen. **V, §!**

Schneemaus *Chionomys nivalis*

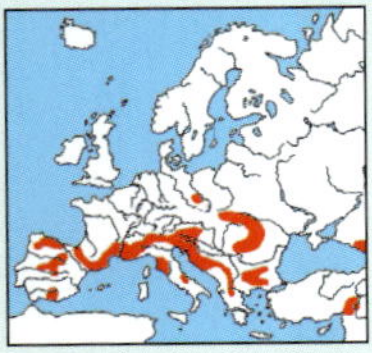

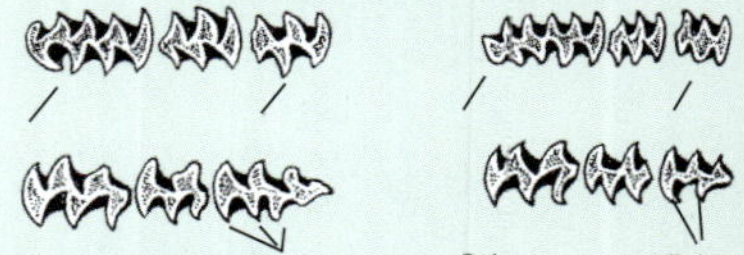

Merkmale: Große, rel. langschwänzige Wühlmaus KRL 9,5-14 cm, SL 4-7,6 cm, G 30-68 g; dichtes, feines, langhaariges Fell, Oberseite hell oder gelblich braungrau, Unterseite grauweiß; dicht behaarter Schwanz, heller als der Körper, bei erwachsenen Tieren gelegentlich weiß; um die Schnauze auffällige, bis zu 6 cm lange, helle Tasthaare.

Verbreitung: Hochgebirge von EU sowie verschiedene asiatische Gebirge.

Lebensweise: Braucht felsigen Untergrund; lebt auf zerklüfteten Felsbändern, Geröllfeldern, Moränen und zwischen Felsblöcken an Bachrändern, im Bereich von Berghütten bis auf 4100 m Höhe nachgewiesen; legt nur selten Erdbaue an; Nester unter Steinen, mit Heu ausgepolstert; bewegt sich schnell und ruckartig; frisst vor allem Kräuter und Gräser; überwiegend dämmerungsaktiv, aber auch tagsüber zu beobachten, wenig scheu.

Die Fortpflanzungsrate der S. ist für eine Wühlmaus eher klein. Die ♀ werfen während des Sommers zweimal je 1-6, meist 3 Junge. Während der Paarungszeit (V-IX) sind S. sesshaft, erwachsene ♂ und ♀ besetzen feste Territorien. Im Herbst geben S. ihre festen Gebiete auf, unternehmen größere Wanderungen und können sich zu lockeren Gruppen zusammenfinden. **(RL), §!**

Ähnliche Art: ⇨S.187.

Verwandt: **Westblindmaus** *Nannospalex leucodon* FAMILIE BLINDMÄUSE

Walzenförmiger Körper, rattengroß; KRL 15-24 cm, G 140-220 g; keine sichtbaren Augen und Ohrmuscheln, schwanzlos; weiches, samtiges Fell, oberseits gelblich oder rötlich braungrau, unterseits dunkelgrau; von Nase zur Augengegend weißlicher Streifen aus Borstenhaaren. Kommt in SO-EU vor, von O-Ungarn, Jugoslawien, Griechenland, Bulgarien über Rumänien bis zur Ukraine. Als Steppenbewohner auf Grassteppen, als Kulturfolger auf Wiesen, Weiden, Feldern (Kartoffel, Luzerne, Rüben) mit Nachweisen bis in 2400 m Höhe; wenig gesellig; tag- und nachtaktiv; gräbt bis zu 100 m lange Gänge in bis zu 4 m Tiefe mit mehreren Vorratskammern, 1-2 Nestkammern und Kotplätzen; kommt nur gelegentlich nachts und in den Morgenstunden an die Erdoberfläche; ernährt sich von Pflanzenwurzeln, Zwiebeln, Knollen, auf Kulturland auch von Kartoffeln u.a. Feldfrüchten, die sie zum Verzehr in ihre Gänge zieht; sammelt zu jeder Jahreszeit Vorräte. *Ähnliche Art:* ⇨S.187.

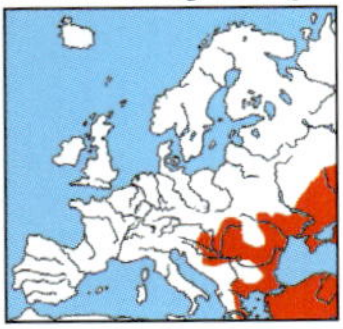

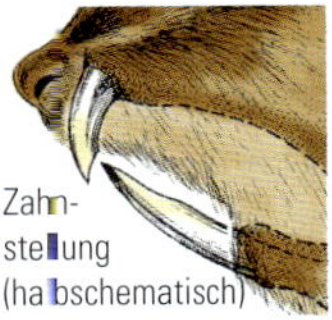

Zahnstellung (halbschematisch)

Zwergmaus *Micromys minutus*

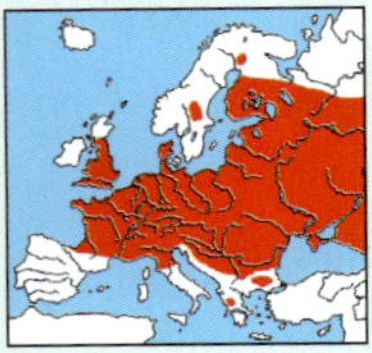

Merkmale: Sehr kleine, zierliche Langschwanzmaus; KRL 5-7,8 cm, SL 4,5-7,5 cm, G 3,5-13 g; Oberseite gelblich rotbraun bis rostbraun, gebietsweise auch dunkelbraun; Unterseite meist scharf abgesetzt weiß, manchmal grau- oder gelblich weiß; Greifschwanz; Ohren nur wenig aus dem Fell hervorragend; dunkelbraune, relativ kleine Augen; 4 Paar Zitzen.

Verbreitung: N-Spanien, M.- und O-EU bis Japan; isolierte Vorkommen in SO-Tibet und S-China.

Lebensweise: Die dämmerungs- und nachtaktiven Z. sind als spezialisierte Halmkletterer ursprünglich an hochgrasige, feuchte Wiesen mit Rohr-, Schilf-, Rohrglanzgras- und Seggenbeständen angepasst. Besonders entlang der Grenzlinien dieser Bestände kann man die Tiere häufiger antreffen. Als Sekundärlebensräume besiedeln Z. bei uns auch zugewachsene Schlammteiche, Sedimentationsbecken, Hecken, Getreideäcker, bei hoher Populationsdichte sogar vergraste Walddickungen. Auch in Reisfeldern kommen sie vor, z.B. in der italienischen Po-Ebene. Ihr ursprünglicher Lebensraum zeichnet sich durch hohe Grundwasserstände oder häufige Überschwemmungen aus, die eine dauerhafte Besiedlung durch bodenbewohnende Arten nicht zulassen. Ähnliches gilt für Äcker, die regelmäßig umgepflügt werden. Im Halmwald finden die geschickten Kletterer ihre Nahrung in Form von Gras-, Getreide- und Krautsamen, Insekten und deren Larven. Dort bauen sie im Sommer, meist in einer Höhe von 60-100 cm, ihre kugeligen oder ovalen Hochnester. Die Schlafnester von 5-7 cm Durchmesser haben 2 seitliche Eingänge, das 6-10 cm große Wurfnest hat nur 1 Eingang. Zum Bauen zerfasern sie die Blätter mehrerer benachbarter Halme, verflechten sie untereinander und legen durch Einziehen anderer, frisch abgebissener Pflanzenteile die Nestkugel an, die sie mit fein zersplissenem Material auspolstern.

Nach 21 Tagen Tragzeit bringen die ♀ bis zu 6-mal jährlich (zwischen V und X) meist 5-6 Junge zur Welt. Die Neugeborenen wiegen knapp 1 g, sind nur 2 cm lang und noch nackt und hilflos. Mit 8-10 Tagen öffnen sich ihre Augen und mit 13 Tagen verlassen die Jungen erstmals ihr Nest, mit 18 Tagen werden sie entwöhnt. Bis zur Geschlechtsreife mit 5 Wochen verbringen sie eine Zeit mit übermütigen Spielen im »Halmwald«.

Wissenswertes: Z.-Populationen unterliegen starken zyklischen Schwankungen. **V, §!**

Brandmaus *Apodemus agrarius*

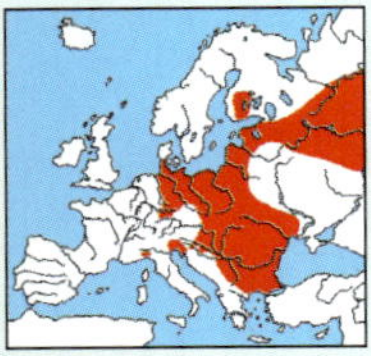

Merkmale: Ähnlich der Waldmaus (➪S.90), mit typischem 2-3 mm breitem, schwarzem Aalstrich auf dem Rücken von der Stirnmitte bis zur Schwanzwurzel; KRL 8,5-12,3 cm, SL 7-9 cm, G 16-25 (35)g; Fell im Sommer rehbraun, im Winter und bei Jungtieren mehr graubraun; grauweiße Bauchseite; Schwanz meist kürzer als der Körper; Ohren mittelgroß; 4 Paar Zitzen.

Verbreitung: M.-EU, O-EU, Asien bis Amurland, Mandschurei, Korea, O-China und Taiwan.

Lebensweise: Bewohnt sehr unterschiedliche Biotope (Waldränder, Feldgehölze, Ackerraine, buschreiche Wiesen und Ödland, Gärten, Friedhöfe, Parkanlagen, Ufer von Flüssen und Seen), im Winter auch häufig in Feldscheunen, Kellern, Ställen oder Komposthaufen zu finden; tag- und nachtaktiv; wenig gesellig; gräbt Gänge dicht unter der Erde mit erweiterten Nestkammern und Vorratslager, in das Eicheln, Bucheckern und Blätter eingetragen werden; Paarungszeit IV-X; mehrere Würfe mit je 3-9 Jungen; v.a. im Frühjahr neben pflanzlicher auch sehr viel tierische Nahrung, besonders Insekten und andere Wirbellose. **§!**

Gelbhalsmaus *Apodemus flavicollis*

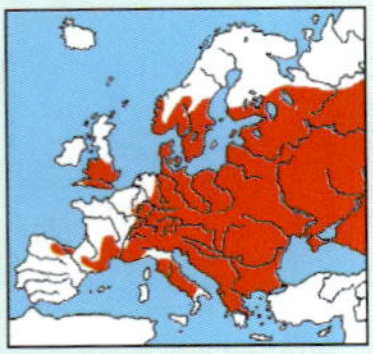

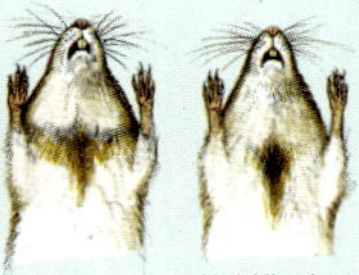

Kehlband Kehlfleck

Merkmale: Sehr ähnlich der Waldmaus, aber Augen und Ohren etwas größer, Schwanz meist mehr als körperlang; KRL 8,5-13 cm, SL 9,5-13,5 cm, G 22-45 g; oberseits gelbbraun, Unterseite meist reinweiß mit scharfer Farbgrenze, zwischen den Vorderfüßen ockergelbes Querband oder wenigstens runder Fleck, breiter als bei der Waldm.; Jungtiere insg. grauer, ohne scharfe Farbgrenzen.
Verbreitung: Von S-England über M.-EU und S-EU nach O bis zum Ural und Kaukasus; in großen Teilen von W-EU fehlend.
Lebensweise: G. bevorzugen Laubwälder mit hohem Altholzanteil, insbesondere Buchen- und Eichen-Hainbuchenwälder mit Haselsträuchern. Als typische Waldtiere sind sie in ihrer Habitatwahl enger begrenzt als die Waldmaus (trotz deren Namens!). Die guten Kletterer und Springer nutzen intensiv die Baum- und Strauchschicht. Ihre Baue legen die dämmerungs- und nachtaktiven G. vorwiegend unter Wurzelwerk, in felsigem Gelände unter Steinblöcken an, nutzen aber auch verlassene Vogel- oder Haselmausnester und Nistkästen. Zwischen III-X kommen in 2-3 Würfen je 3-8 Junge zur Welt.
Wissenswertes: Die Nahrung der G. besteht vorwiegend aus Samen, wobei Baumsamen wie Bucheckern, Eicheln und Eschensamen bevorzugt und z.T. in Verstecken gehortet werden. In einem G.-Winterdepot in einem Nistkasten wurden einmal 123 Eicheln, eine Kastanie und eine Walnuss gezählt. Gegenüber Erddepots haben solch hoch gelegene Vorratsspeicher den Vorteil, dass sie nicht von wühlenden Wildschweinen entdeckt und aufgefressen werden können. **§!**
Ähnliche Arten: ⇨S.187.

Waldmaus *Apodemus sylvaticus*

FAMILIE ECHTE MÄUSE

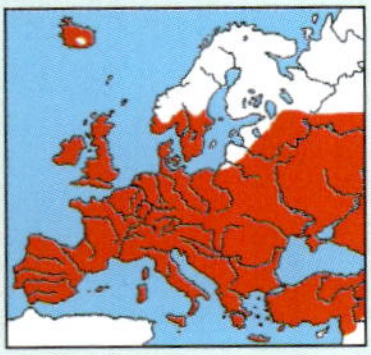

Merkmale: Ähnlich der Gelbhals- und Hausmaus (⇨S.94), aber ohne vollständiges gelbes Halsband; KRL 8-11 cm, SL 7-11 cm, G 15-32 g; oberseits graubraun, ältere Tiere mit rotbraunem Anflug, unterseits weißlich grau, zwischen den Vorderfüßen mehr oder weniger deutlich ausgeprägter rotgelber oder ockerfarbener länglicher Fleck; große Augen und Ohren; 3 Paar Zitzen.
Verbreitung: EU außer N, nach O bis Altai; N-Afrika.
Lebensweise: W. sind ökologisch sehr anpassungsfähig. Sie leben in Hecken, an Waldrändern, auch im geschlossenen Wald (wo aber die Gelbhalsmaus dominiert), auf Ruderalflächen, in Parks und Gärten. Im Winter, besonders in höheren Lagen, dringen W. auch in Häuser ein. In O-EU sind sie häufig auf Äckern (Rüben, Kartoffeln etc.) zu finden. W. springen sehr gut und klettern gern auf Bäume. Dort nutzen sie dickere Äste und setzen den Schwanz als Balancierstange ein. Ihre Nester

Jungtier

aus trockenem Laub und Moos legen sie meist in einem Erdbau an. Die Zugänge werden oft durch Zweige oder Steine bedeckt. Die nachtaktiven W. fressen bevorzugt Samen von Kräutern, Gräsern und Bäumen, daneben auch Insekten, und legen Vorräte an. In der Fortpflanzungsperiode von II-IX bringen die ♀ in 3 Würfen nach einer Tragzeit von 23-26 Tagen jeweils 5-6 Junge zur Welt. Die Augen der typischen Nesthocker öffnen sich mit 15 Tagen. Die Geschlechtsreife kann nach 3 Monaten bei einem Gewicht von 15 g eintreten.
Wissenswertes: Werden W. im Geäst erschreckt, springen sie zu Boden und flüchten dort, während Haselmäuse (⇨S.96) in der gleichen Situation stets nach oben klettern. **§!**
Ähnliche Art: ⇨S.187.

Haselnüsse, von Waldmaus benagt

Wanderratte *Rattus norvegicus*

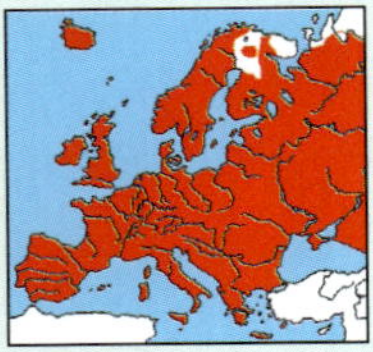

Merkmale: Größer und gedrungener als die Hausratte; KRL 20-28 cm, SL 17-23 cm, G 270-580 g; im Vergleich zur Hausr. stumpfere Schnauze, kleinere Ohren, dickerer Schwanz, kürzer als Körper; Fell rauer, weniger glänzend; Rücken graubraun bis rotbraun, auch schwärzlich, Bauch grauweiß bis grau; besonders lange Grannenhaare am Rücken; Jungtiere dunkler.
Verbreitung: Ursprünglich O-Asien; durch den Menschen weltweit verbreitet.
Lebensweise: Obwohl W. selbstständig in der Natur vorkommen können, leben sie hauptsächlich in Nähe des Menschen. In Städten bewohnen sie Abwasserkanäle und die unteren Teile von Gebäuden, kommen aber auch in der Feldflur und an Gewässern vor. Die Nahrung der dämmerungs- und nachtaktiven Tiere, die gut schwimmen, tauchen und klettern können, ist sehr variabel und umfasst neben Nahrungsmitteln und Abfällen pflanzliche und tierische Kost jeder Art, auch Aas. Die geselligen Tiere leben in Familienverbänden mit bis zu 200 Mitgliedern und hierarchischer Rangordnung. Ihr Sozialleben und Fortpflanzungsverhalten gleicht weitgehend dem der Hausratte.

Hausratte *Rattus rattus*

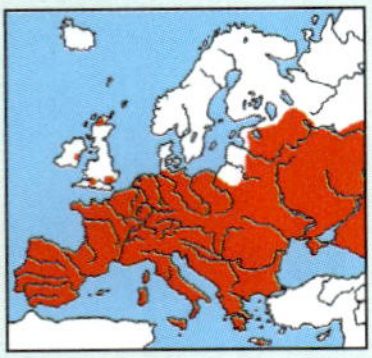

Merkmale: KRL 16-24 cm, SL 18-26 cm, G 150-250 g; kleiner und schlanker als die Wanderratte, schmalere Silhouette und spitzere Schnauze; große Ohren, die nach vorn geklappt die großen Augen bedecken; drehrunder, einfarbig grauer, nackter Schwanz, im Allgemeinen länger als der Körper; glattes Fell mit längeren Grannenhaaren im Rückenbereich; in EU 3 Farbvarianten: völlig grauschwarz, graubraun mit grauem Bauch sowie graubraun mit weißem Bauch; ♀ mit 10 Zitzen.
Verbreitung: In frühgeschichtlicher Zeit durch den Menschen aus SO-Asien nach EU eingeschleppt; heute weltweit vorkommend und viel häufiger als die Wanderratte, v.a. im Inneren der Kontinente; in N-, W- und M.-EU nicht überall verbreitet, gebietsweise durch die Wanderratte verdrängt.
Lebensweise: H. sind vorwiegend nachtaktiv. Im Gegensatz zu Wanderratten klettern H. sehr gut, schwimmen aber ungern. Ihre Nester legen sie auf dem Boden, auf Bäumen oder in unterirdischen Höhlen an. In Gebäuden werden sie mit Holzwolle, Textilresten, Papier oder Stroh ausgekleidet, im Freiland mit Blättern, Gräsern und kleinen Zweigen. H. paaren sich zwischen III und IX, z.T. auch ganzjährig. Ihre Fortpflanzungsfähigkeit ist schwächer als bei der Wanderratte. In 3-5 Würfen werden jeweils 5-7 Junge geboren, manchmal in großen Gemeinschaftsnestern. Das Sozialleben der H. ist mit dem der Wanderr. vergleichbar, wenn auch weniger komplex. Die Tiere leben in kleinen Gruppen mit hierarchischer Rangordnung in abgegrenzten Territorien. Die Gruppe setzt sich aus einem dominanten ♂ und einigen untergeordneten ♀ zusammen, die neben der Jungenaufzucht auch aktiv das Territorium verteidigen, besonders gegen fremde ♀. H. sind zwar Allesfresser, bevorzugen aber Pflanzenkost.
Wissenswertes: H. sind mit ihrem Schmutz und ihren Flöhen Überträger zahlreicher Krankheiten auf andere Tiere und auf den Menschen. Sie trugen wohl auch die Hauptschuld an der Ausbreitung der großen Pestepidemien im Mittelalter.

Westliche Hausmaus *Mus domesticus*

FAMILIE ECHTE MÄUSE

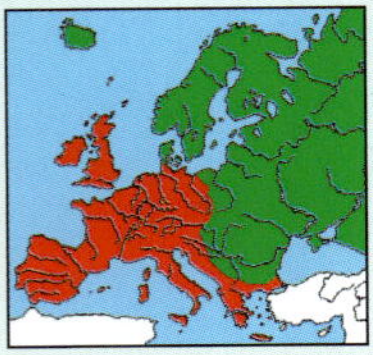

Merkmale: Ähnlich der Waldmaus (⇨S.90), jedoch kleiner; KRL 7,2-10,3 cm, SL 5-10,2 cm, G 10-36 g; körperlanger, nie zweifarbiger Schwanz; kleinere Augen und Ohren, kürzere Hinterfüße als die Waldm.; Fell am Rücken graubraun bis schwarz, Unterseite heller, bisweilen weiß. W.H., die in menschlichen Behausungen leben, zeigen eine Tendenz zu dunklerer Fellfärbung.

Verbreitung: Ursprünglich in den Steppen Zentralasiens; Anschluss an den Menschen schon in vorgeschichtlicher Zeit; mit dem Getreideanbau und Warenverkehr nach und in EU aktiv und passiv verbreitet, heute weltweit vorkommend.

Lebensweise: Die dämmerungs- und nachtaktiven W.H. haben einen ausgezeichneten Geruchs- und Gehörsinn, können schnell laufen und gut klettern, springen und schwimmen. Tagsüber halten sich die Tiere in ihren Verstecken auf, in Gebäuden z.B. in Zwischenböden oder Hohlräumen, im Freien in selbst gegrabenen Erdbauen mit Nest- und Vorratskammern. W.H. leben in unterschiedlich großen Familienverbänden mit einem dominanten ♂, mehreren erwachsenen ♀ und Jungen aller Altersstufen. Das Familienrevier wird mit Urin markiert, jede Sippe hat offenbar ihren eigenen Familiengeruch. Neben Pflanzenkost u. menschlichen Vorräten verzehren W.H. auch Insekten.

Wissenswertes: Während sich die Tiere im Freiland von IV-X paaren (mit bis zu 4 Würfen), vermehren sich W.H. in Gebäuden ganzjährig (bis zu 8 Würfe). Wird eine bestimmte Populationsdichte überschritten, kann die Vermehrung durch zeitweise Sterilität der jungen ♀ gebremst werden.

Ähnlich: **Östliche Hausmaus** *Mus musculus*, Schwanz kürzer als bei Westl. H.; schließt im O an das Gebiet der Westl. H. an (in Verbreitungskarte grün); im Sommer im Freien, im Winter in Gebäuden. Weitere ähnliche Arten: ⇨S.187.

Kretastachelmaus *Acomys minous*

FAMILIE ECHTE MÄUSE

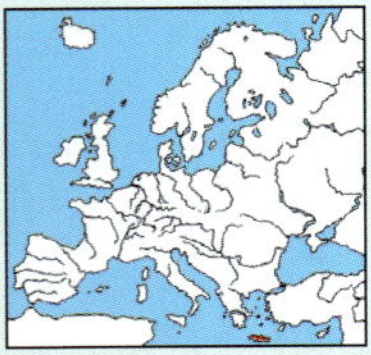

Merkmale: Ähnlich Haus- und Waldmaus; KRL 9,2-12,5 cm, SL 9-12 cm, G 33-86 g; am Mittel- und Hinterrücken glatte, abgeplattete, stachelige Haare, die nach vorn und seitlich in normale, aber dickborstige Haare übergehen; Rückenfell von hinten zur Mitte von Dunkel- in Mittelgrau übergehend, vermischt mit Brauntönen, Flanken graubraun, scharfe Grenze zu trübweißem Bauch; hinter den langen Ohren ein schmaler, weißer Fleck.

Verbreitung: Nur auf Kreta.

Lebensweise: Die dämmerungs- und nachtaktiven Tiere leben auf Kreta in der mediterranen Zwergbuschsteppe, die von spalten- und höhlenreichen Felsbänken durchzogen ist. Lagen unter 500 m und südexponierte Hänge werden bevorzugt besiedelt. Die Tiere dringen auch in Häuser und Gärten am Rande der Zwergbuschsteppe ein, halten sich dort aber nur vorübergehend auf. K. graben offenbar keine eigenen Baue, sondern bewohnen vorhandene Felsspalten, in denen sie auch keine richtigen Nester anlegen. In Nischen und Verstecken finden sich häufig Fraßplätze, an denen aufgenagte Schneckenhäuser, Reste von Gliedertieren, Samenschalen und andere Pflanzenteile zu ganzen »Abfallhalden« aufgehäuft sind. K. leben sozial in Familienverbänden. Nach 34-37 Tagen Tragzeit werden 1- bis 5-mal jährlich jeweils 1-4 Junge geboren. Die Jungen sind bereits so weit entwickelt, dass sie nach wenigen Stunden laufen, nach 48 Stunden ihre Augen öffnen und mit 6 Tagen selbstständig sind. Dennoch werden sie knapp 3 Wochen lang gesäugt.

Wissenswertes: Bei der Geburt wie bei der Jungenaufzucht zeigen K. ein unter Nagetieren einmaliges »Hebammenverhalten«. Andere ♀ des Familienverbands leisten aktive Geburtshilfe, versuchen das Neugeborene an sich zu nehmen und zu säugen. Die Jungen dürfen bei allen Müttern trinken und werden von jedem ♀ gepflegt.

Siebenschläfer *Glis glis*

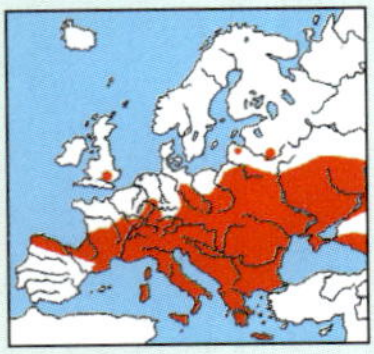

Merkmale: Größte Schläferart, eichhörnchenähnlich; KRL 13-20 cm, SL 10-18 cm, G 70-180 g; große Augen, kurze, gerundete Ohren; Oberseite und Flanken grau, braun- bis silbergrau; Bauchseite hellgrau oder cremefarben; grauer, buschiger Schwanz.

Verbreitung: Von N-Spanien über S- und M.-EU ostwärts bis zur Wolga und zum Kaukasus, vereinzelt in Anatolien; in S-England seit 1902 ausgesetzt.

Lebensweise: Lebensraum der dämmerungs- und nachtaktiven, gewöhnlich ortstreuen S. sind unterholzreiche Laub- und Mischwälder, auch Obst- und Weingärten sowie Parkanlagen. Dort leben sie oft in lockeren Gruppen gesellig und ohne erkennbare Rangordnung zusammen. Ihre Lautäußerungen reichen von Quiek- und Pfeiflauten über Zähnerattern bis zu zwitschernden Rufen und »Drohsurren«. Die Nester aus Gras, Blättern und Moos bauen S. in Baumhöhlen, Felsspalten, Dachböden oder Nistkästen. Im Sommer bringen die ♀ einen Wurf mit meist 5-7 Jungen zur Welt, die mit 8 Wochen selbstständig sind. S. verzehren neben Blättern, Samen u.a. pflanzlicher Kost auch Insekten, Vogeleier und -nestlinge. Manchmal legen sie Vorräte an. (Kl. Foto: Eicheln, vom S. benagt.)

Wissenswertes: Als ausgesprochene Langschläfer tragen Schläfer ihren Namen zu Recht. Den Winterschlafrekord hält der S. Schon im IX/X tritt er in einer selbst gegrabenen Erdhöhle den Winterschlaf an, erst im V/VI wacht er wieder auf. **§!**

FAMILIE SCHLÄFER

Haselmaus *Muscardinus avellanarius*

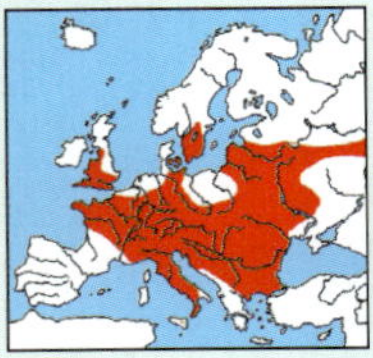

Merkmale: Kleinste Schläferart, hausmausgroß; KRL 6,5-8,5 cm, SL 5,5-7,8 cm, G 15-35 g; Felloberseite rotbraun bis orangefarben, Unterseite gelblich weiß; rundlicher Kopf mit großen Knopfaugen und runden, gut sichtbaren Ohren; langer, buschiger Schwanz mit schwarzbrauner Endquaste.

Verbreitung: Von S-Frankreich nach O bis zur Wolga, in N-EU und Kleinasien fehlend.

Lebensweise: H. leben hauptsächlich in unterholzreichen Laub- und Mischwäldern, wo sie sich als ausgezeichnete Kletterer fast nur im Gezweig aufhalten. Die dämmerungs- und nachtaktiven Tiere bauen ihre kugeligen Nester aus dürrem Gras, Bast und Laub mit seitlichem Eingang freistehend in dichtem Gebüsch oder jungen Bäumen. Ihre Nahrung besteht v. a. aus Knospen, Blättern, Blumen, Beeren und Steinobst, im Sommer verzehren sie auch Insekten und Weichtiere. Die ungeselligen H. bewohnen ihre Schlaf- und Wurfnester meist allein. Sie überwintern am Boden unter Laub, in Erdlöchern oder in ihren Nestern. **V, §!**

Gartenschläfer *Eliomys quercinus*

FAMILIE SCHLÄFER

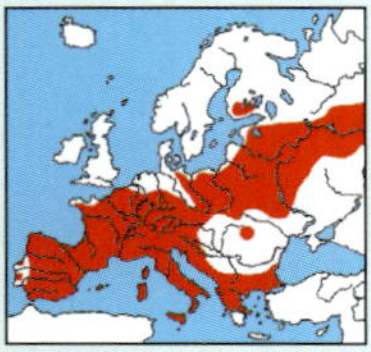

Merkmale: Kontrastreichster europ. Schläfer; KRL 11-17 cm, SL 9-13 cm, G 50-150 g (im Herbst noch schwerer); kleiner, schlanker und spitzköpfiger als der Siebenschläfer (⇨S.96), wesentlich größere und längere Ohren; auffällige schwarze Gesichtszeichnung bis hinter die Ohren; kurz behaarter Schwanz mit schwarz-weißer Endquaste; Körper- und Schwanzoberseite graubraun mit zimtbrauner Tönung, Wangen und Unterseite weiß, scharf abgesetzt; weißer Vorohrfleck.

Verbreitung: Von Portugal über M.- und S-EU bis zum Ural, ferner N-Afrika.

Lebensweise: G. bewohnen felsige Gebiete mit Nadel- und Mischwäldern, Karstlandschaften, Kulturland mit Legesteinmauern und Weingärten. Bisweilen halten sich die Tiere ganzjährig in Häusern (Vorratskammern) auf. Im Gebirge kommen sie bis in 2500 m Höhe vor und hausen dort oft in Bergbauernhöfen oder Almhütten. Die sehr stimmfreudigen G. lassen oft ein Grunzen, Keckern und Pfeifen hören. Manchmal bauen sie freistehende, kugelige Nester aus Gras und Moos in Bäumen, häufiger aber beziehen sie alte Eichhörnchen- oder Vogelnester oder legen unordentliche Nester in Gesteinsspalten, Baumhöhlen, Nistkästen oder menschlichen Behausungen an. Die Allesfresser ernähren sich von Baumsamen, Früchten, Knospen, Rinde und – mehr als die anderen Schläfer – von tierischer Kost (Insekten, kleine Reptilien, Nagetiere, Vogeleier und -junge). In der Paarungszeit von IV-IX werden in 1-2 Würfen jeweils 2-9 (meist 4-6) Junge geboren, die mit 18 Tagen die Augen öffnen, 4 Wochen gesäugt werden, nach 2 Monaten selbstständig und nach dem ersten Winterschlaf geschlechtsreif sind. **§!**

Baumschläfer *Dryomys nitedula*

FAMILIE SCHLÄFER

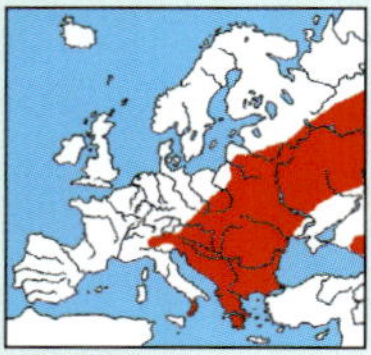

Merkmale: Vom Gartenschläfer durch geringere Größe, viel kürzere Ohren und Fehlen einer Schwanzquaste unterscheidbar; KRL 8-12 cm, SL 7-10 cm, G 17-40 g; Rücken (je nach Vorkommensgebiet) aschgrau bis rotbraun, Flanken heller, von gelblicher Unterseite scharf abgesetzt; buschiger Schwanz; schwarze Binde vom Auge bis zum Ohr.

Verbreitung: M.-, SO- und O-EU sowie von Kleinasien bis Pakistan und zum Altai.

Lebensweise: B. leben in Nadel- und Mischwäldern, gebietsweise auch in reinen Laubwäldern, in den Alpen bis in 2300 m Höhe, gern an mit Büschen bewachsenen Waldrändern und Lichtungen, gelegentlich in Almhütten. In Mittelasien kommen sie auch auf baum- und gebüschfreien Geröllfeldern vor. Die vorwiegend nachtaktiven B. bewegen sich zumeist auf Bäumen und im Unterholz. Je nach Jahreszeit verzehren sie Käfer, Raupen und Schmetterlinge, Vogeleier und -junge, Sämereien, Sprosse, junge Zweige, Beeren und Obst. Tagsüber schlafen sie in ihren Nestern aus Blättern und getrocknetem Gras, die sie in Büschen errichten. Zum Winterschlaf kugeln sich B. in dick mit Laub ausgepolsterten Nestern zusammen, die sie in Erdhöhlen, zwischen Baumwurzeln oder niedrig in Buschwerk anlegen. Bei leichter Erregung lassen B. vogelartig wohlklingende Laute hören, bei Gefahr pfeifen und schnalzen sie. **RL, §!**

Ähnliche Art: ⇨S.187.

Jungtiere

Waldbirkenmaus *Sicista betulina*

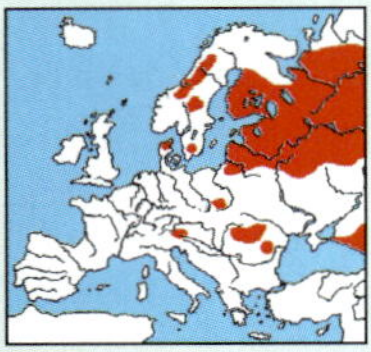

Merkmale: Sehr klein; Schwanz 1½-mal körperlang; KRL 5-7,6 cm, SL 7,4-11 cm, G 5-15 g; Fell an Kopf, Rücken und Seiten braungrau bis gelblich braun mit dunklen Grannenhaaren, schwarzer Aalstrich von der Nasen- bis zur Schwanzwurzel; bauchseits weißlich grau; 5. Hinterfußzehe fast senkrecht abspreizbar.
Verbreitung: EU und W-Asien bis zum Jenissei, Baikal-Gebiet, Ussuriland; in M.-EU sehr selten.
Lebensweise: W. kommen im N ihres Verbreitungsgebiets in der Taiga, im S im Laubwald vor. Sie bewohnen Waldmoore, vegetationsreiche Flussufer, feuchte Waldwiesen, Hochmoore, Birken- und Nadelwald mit dichtem Unterwuchs, im Gebirge bis in 2000 m Höhe die Krummholzzone und Almen. Vorwiegend sind sie in der Dämmerung und nachts aktiv. Mithilfe ihres langen Schwanzes klettern sie geschickt in Stauden und Gebüsch umher. Sie ernähren sich von Sämereien, Beeren, kleinen Insekten u. Spinnentieren. Ihre runden Sommernester bauen sie in Baumstubben oder Bodenmulden, den Winterschlaf (X-V) verbringen sie in Bodenlöchern. Die Paarungszeit dauert von V-VIII. Weil die Körpertemperatur der W. witterungsabhängig ist, wird auch die Länge der Tragzeit durch das Wetter beeinflusst. Die ♀ werfen jährlich einmal 2-7 Junge. **RL, §!**

Ähnlich: **Steppenbirkenmaus** *Sicista subtilis,* Schwanz um ⅓ länger als KRL; bevorzugt in offenen Landschaften vom äußersten O-Österreich über Ungarn, Rumänien, S-Russland bis zum Baikalsee. **§!**

Nutria *Myocastor coypus*

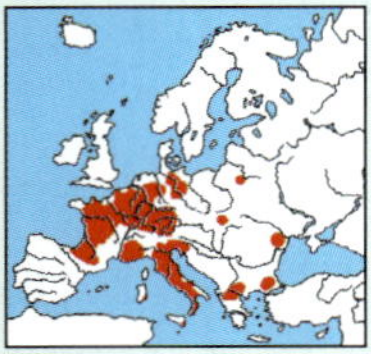

Merkmale: Biberähnlich, aber drehrunder Schwanz; KRL 40-65 cm, SL 30-45 cm, G 3-9(12) kg; Fell mit dichter Unterwolle und starken Grannenhaaren; oberseits gelbbraun bis schwärzlich, schiefergraue Unterwolle, unterseits heller; auch Albinos; zwischen den Hinterfußzehen Schwimmhäute.
Verbreitung: Subtropisches und gemäßigtes S-Amerika; in EU aus Pelztierfarmen entkommen oder absichtlich zur Vegetationsregulierung oder Pelzproduktion freigesetzt; lokal in W-, M.- und S-EU in unterschiedlich großen Populationen.
Lebensweise: Die dämmerungs- und nachtaktiven N. halten sich sehr viel im Wasser auf. Sie schwimmen und tauchen sehr gut, auch die Nahrungsaufnahme findet bevorzugt im Wasser statt. Von vielen Wasserpflanzen fressen die reinen Vegetarier nur die unteren Stängelteile. Weil sie auch Wurzeln ausgraben, können die Tiere ganze Pflanzenbestände gefährden. N. halten keinen Winterschlaf. Sie pflanzen sich zu allen Jahreszeiten fort und sind schon mit 3-9 Monaten geschlechtsreif. Die Tragzeit beträgt rund 130 Tage, 2 Geburten pro Jahr sind möglich. Die Wurfgröße ist mit 1-13 Jungen sehr variabel und hängt vom Klima ab. Bei schlechten Bedingungen werden Föten resorbiert oder abortiert. Als Nestflüchter schwimmen die Jungen schon bald nach der Geburt und nehmen feste Nahrung auf. N. leben entweder einzeln in sich überlappenden Wohngebieten, in denen sie nur Fress- und Ruheplätze verteidigen, oder in territorialen Kolonien. Am Rande langsam fließender oder stehender Gewässer bewohnen sie selbst gegrabene Uferhöhlen mit Nestkammer, oder sie legen Schilfnester an.

in Pelzfarm

Wissenswertes: Wenn ihnen die Flucht ins Wasser versperrt wird, können N. mit großem Sprung angreifen und empfindlich zubeißen.

Merkmale: Gut hasengroß; nach dem Biber zweitgrößtes Nagetier der Alten Welt; KRL 50-70 cm, SL 4-6 cm, G 10-15 kg, durch Mähne und Stacheln größer wirkend; schwarz-weiß gebänderte, etwa 30 cm lange Stacheln auf Rücken und Flanken, Kopf mit dunklen, samtartigen Haaren bedeckt, deutliche Nackenmähne; kurze Füße und Ohren, relativ kleine Augen; nackte Fußsohlen, kräftige Krallen.

Verbreitung: In EU auf Italien beschränkt; hier von Sizilien nach N bis zur Toskana mit nördlichstem Vorkommen bei Lucca, östlich des Apennin nicht so weit nach N, nur bis zum Monte Gargano; außerhalb von EU in N- Afrika und südwärts bis zum Kongo und nach N-Tansania; fehlt im Sahara-Bereich einschließlich Ägypten (im Sinai lebt *H. indica*, eine ansonsten südwestasiatische Art).

Lebensweise: In Italien leben S. von der Ebene bis in rund 600 m Höhe vor allem in zerklüftetem Gelände mit Macchie und einem Gemisch von Brachflächen, Kulturland und schütterem Wald. Die rein nachtaktiven Tiere verfügen über ein feines Gehör und einen gut entwickelten Geruchssinn. Sie verzehren Wurzeln, Knollen, Früchte, Getreide und Rinde. In der Toskana gehören zu ihrer Nahrung ebenso Kartoffeln, Rüben, Zwiebeln, Weißkohl-Köpfe, Früchte und Samen von Mais, Bohnen, Melonen, Gurken und Wein. Häufig benagen S. auch Knochen (Nagespuren an fossilen Knochen können Hinweise auf ein einstiges Vorkommen von S. liefern).

S. bevorzugen relativ trockene, stark gegliederte Lebensräume, in denen sie in natürlichen Höhlen oder selbst gegrabenen Bauen Unterschlupf finden. Dort leben sie einzeln oder mit Artgenossen zusammen. Als Laute sind Fauchen, Knurren, Schnarren, beim Umgang mit den Jungen ein leises Grunzen zu hören. Aufrichten der Mähne und Aufstellen der Rückenstacheln stellen ein Drohsignal dar. Die meist schwarz-weiß gebänderten Stacheln sind teils lang, dünn und biegsam, teils als dickere, kürzere, spitz zulaufende Spieße (»quills«) ausgebildet, die als wirksame Abwehrorgane eingesetzt werden. Sie tragen im Gegensatz zu den Stacheln der amerikanischen Baumstachler aber keine Widerhaken am Ende. Am Schwanzende der S. sitzen ca. 12 hohle, zu Rasselbechern umgeformte Haare mit einer dünnen Basis und einer becherförmigen Spitze. Der offene Rasselbecher entsteht, indem die Spitze des ursprünglich als Stachel entstandenen Gebildes abbricht. Bei Bewegungen vibrieren die Rasselbecher leicht, schlagen an benachbarte Stacheln und erzeugen auf diese Weise ein klapperndes Geräusch. Schon kurz nach der Geburt drohen junge S. mit Stachelsträuben, obwohl diese dann noch zu kurz und zu weich für eine Geräuscherzeugung sind. Wenn sich die S. bei Bedrohung schütteln, können locker sitzende Stacheln weggeschleudert werden, ohne dass damit jedoch gezielt auf den Angreifer »geschossen« wird.

Nach einer Tragzeit von 7-8 Wochen werden 2- bis 3-mal im Jahr 1-4 (meist 2) Junge von 300-450 g Geburtsgewicht in einem ausgepolsterten Wurfnest geboren. Als Nestflüchter haben die Jungen bereits die Augen offen, ihre noch weichen Stacheln härten in wenigen Tagen aus. Obwohl sie nach 3 Wochen schon feste Nahrung aufnehmen, werden die Jungen bis zu 8 Wochen gesäugt. Die Geschlechtsreife tritt im 2. Lebensjahr ein.

Wissenswertes: Die heutigen S. in EU gehen wahrscheinlich auf Tiere aus N-Afrika zurück, die von den Römern ausgesetzt wurden. Eine nacheiszeitliche Besiedlung Italiens von Afrika aus ist wegen der geographischen Barrieren ohne menschliche Unterstützung kaum vorstellbar.

Ordnung Raubtiere

Die beiden Unterordnungen Landraubtiere und Wasserraubtiere oder Robben umfassen weltweit etwa 270 Arten. Ihr typisches Merkmal ist die Bezahnung mit dolchartigen Eckzähnen (Fangzähnen) und gezackten Backenzähnen. Raubtiere leben in allen denkbaren Gesellschaftsformen, von Einzelgängern bis zu hochkomplexen Gemeinschaften, und besiedeln alle Landschaften und Lebensräume von polaren Eiswüsten bis zu tropischen Wäldern, von Gewässern bis zur Wipfelregion der Bäume. Die meisten Arten ernähren sich ausschließlich von Fleisch, etliche sind Allesfresser, einige wenige fast reine Pflanzenfresser. Das kleinste Raubtier, das Mauswiesel, wiegt gerade mal 45 g, das größte, der Kodiakbär, bis zu 900 kg.
Viele Raubtiere sind dämmerungs- und nachtaktiv. Deren charakteristisches Merkmal ist eine reflektierende Schicht hinter den Sehzellen im Auge, die das Auge bei Bestrahlung aufleuchten lässt (»Katzenauge«). Die Robben unterscheiden sich von den anderen Raubtieren insbesondere durch die Umwandlung ihrer Gliedmaßen zu flossenartigen Ruderfüßen als Anpassung an die schwimmende Lebensweise.

Wolf

Goldschakal *Canis aureus*

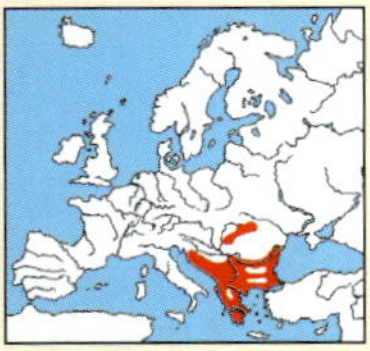

Merkmale: Gestalt und Färbung wolfsähnlich, jedoch schlanker und nur etwa halb so hoch wie der Wolf (Zeichnung); KRL 65-105 cm, SL 18-27 cm, G 8-15 kg; Oberseite gelbgrau mit rötlichem Anflug und schwarzem Unterton, Unterseite grauweiß, Kehle, Vorderbrust, Kinn und Lippen hell; je nach Gegend Gesamtfärbung rötlich oder mehr dunkelfahlbraun, bisweilen kleine Schulterschabracke; Schwanzende schwarz, leicht gestutzt wirkend; Welpenfell wollig graubraun; 4 Paar Zitzen.

Verbreitung: Von N-Afrika, dem Balkan und (vereinzelt) Kleinasien im W bis Indien, Thailand im O; in Afrika südwärts bis Kenia, westwärts bis zum Senegal; in Asien bis Aralsee u. Kaukasus; in SO-EU nordwärts bis Dalmatien, Ungarn und Österreich.

Lebensweise: In EU meidet der G. bewaldetes Hochland oder offene Flächen. Ebenen und Hügel mit niedriger, dichter Vegetation, wie sie oft an Küsten und Flussufern vorkommen, sind hier seine bevorzugten Wohngebiete. Entlang dicht bewachsener Flussufer kann er auch bis in Waldgebiete und Gebirge vordringen. Im Kaukasus ist das von G. bewohnte Gestrüpp so dicht, dass sie dort oft Tunnel gemeinsam mit Wildschweinen, Dachsen und Wildkatzen benutzen. Auch großflächig verschilfte Feuchtgebiete mit schwer durchdringlichem Unterwuchs werden von G. gern besiedelt. Die hauptsächlich dämmerungs- und nachtaktiven G. sind ausdauernde Läufer und gute Schwimmer. In ihrer Nahrung überwiegen Kleintiere, in erster Linie kleine Nager und Vögel. Vor allem im Winter verzehren sie ebenso Aas, auch tote Fische werden nicht verschmäht. Daneben fressen G. auch Früchte, Beeren und Mais und graben im Frühjahr Knollen und Zwiebeln verschiedener Pflanzen aus. Nur gelegentlich reißen sie auch Haustiere (Geflügel, Lämmer, Jungkälber, Fohlen, selten erwachsene Schafe). Bei tiefem Schnee und in für Huftiere schwierigem Gelände erbeuten sie ausnahmsweise auch Rehe und Damwild. G. suchen ihre Nahrung gewöhnlich allein, stöbern dabei umher und schleichen

Schakal und Wolf im Größenvergleich

sich an, um die Beute plötzlich anzuspringen. G. leben paarweise, einzeln oder im Familienverband in 2-5 qkm großen Territorien, die von ♂ und ♀ gegen fremde Artgenossen verteidigt und an den Grenzen mit Kot und Urin markiert werden. Die vielseitigen Lautäußerungen des G. reichen von Heulen, Weinen, Zischen, Grunzen und Knurren bis zum Bellen. Das Heulen ist besonders charakteristisch. Gewöhnlich beginnt ein Tier und die anderen Schakale in Hörweite fallen ein. Bei Auseinandersetzungen kann sich Heulen mit Bellen in gleich bleibender Höhe vermischen.

Unverpaarte G. schließen sich ab IX mit einem Partner zusammen, bereits verpaarte Tiere, die oft lebenslang zusammenbleiben, vertreiben die übrigen Gruppenmitglieder etwa einen Monat vor der Paarung . Das Paarungsritual läuft wie folgt ab: Nach anfänglichem elastischem Trab, Beriechen des Bodens vor dem Harnen und Scharren gehen die Partner dazu über, sich unter Winseln, Abwinkeln und Anheben des Schwanzes so zu nähern, daß sie T-förmig zueinander stehen und den Vorderfuß auf den Kopf des Partners legen. Danach erfolgt wechselseitiges Aufreiten noch vor der eigentlichen Paarung. Nach einer Tragzeit von 60-63 Tagen werden die 3-12 Welpen in einem selbst gegrabenen oder übernommenen Bau geboren. Sie öffnen nach 10-14 Tagen ihre Augen, werden 6 Wochen gesäugt und nehmen ab der 4. Woche feste Nahrung auf. Mit 6-7 Monaten werden die Jungen zur Jagd mitgenommen.

Wissenswertes: G. wanderten wohl nacheiszeitlich über Kleinasien und den Bosporus nach EU ein und scheinen sich noch weiter nach NW auszubreiten. Neben dem Wolf sind sie als Stammväter der Haushunde in der Diskussion.

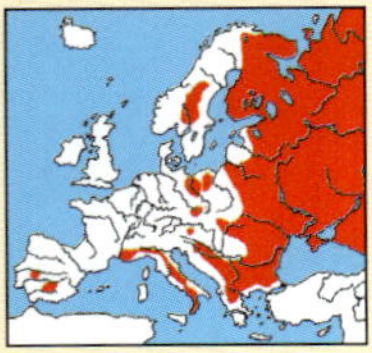

Merkmale: Etwa wie ein kräftiger, hochbeiniger Schäferhund; KRL 100-160 cm, SL 30-50 cm, SH 50-100 cm, G 25-60 kg; meist graubraun, in N-Kanada auch schwarz, in der Arktis weißlich.

Verbreitung: Ursprünglich gesamte nördliche Hemisphäre, in vielen Ländern ausgerottet.

Lebensweise: Früher bewohnte der W. fast alle Landlebensräume, heute hält er sich nur noch in wenigen menschenarmen Regionen. Er lebt in Familien (Rudeln) aus den beiden Eltern sowie diesjährigen und älteren Jungtieren. Die zumeist 5-8 Rudelmitglieder erkennen sich am Geruch, die Reviere werden mit Duftmarken gekennzeichnet. Das Rudel verteidigt ein großes Territorium (in M.-EU 500-1500 qkm) gegen andere Rudel. Als Verständigungsmittel dient neben einer vielseitigen Gestik (»Körpersprache«) auch gemeinsames, lang gezogenes, weit hörbares Heulen (vor allem im Herbst/Winter sowie nach Sonnenuntergang).

W. ernähren sich sehr vielseitig, insbesondere aber von Huftieren, Kleinsäugern, auch Haustieren und Aas. In Italien, wo die wilden Huftiere fast ausgerottet waren, überlebten sie an Müllkippen. Auch in Rumänien suchen W. im Stadtmüll nach Nahrung. Ihre wichtigste Beute sind jedoch größere wilde Huftiere (Rothirsch, Elch, Rentier, Wildschaf). Im Winter jagen W. im Rudel, im Sommer, wenn viele unerfahrene Jungtiere erbeutet werden können, einzeln. Nur die beiden ranghöchsten Tiere paaren sich. Nach einer Tragzeit von rund 62 Tagen bringt das ♀ einen Wurf mit 4-7 Jungen zur Welt. Alle Mitglieder eines Rudels beteiligen sich an der Aufzucht der Jungen. Sie würgen Teile ihres Fraßes vor den Welpen halb verdaut wieder aus. Ein erwachsener W. kann bei einer Mahlzeit bis zu 15 kg Fleisch vertilgen, aber auch wochenlang hungern. Im Schnitt tötet ein Rudel etwa pro Woche einen Elch oder 2 Rothirsche. Die Jagd der W. ist stark selektiv, d.h. junge, sehr alte sowie kranke und geschwächte Tiere fallen ihnen leicht zum

Wolf und Schäferhund

Opfer. Die Hetze eines W.-Rudels ist meist kurz, nur ein paar 100 m weit. Dann ist das Beutetier entweder gefangen oder entkommen. In nordischen Breiten können W. manche Beutetierarten (v.a. Elche) erheblich dezimieren und ihre Population auf geringer Dichte halten. In gemäßigten Breiten (z.B. in M.- und O-EU) sind die Beziehungen noch unerforscht. Es gibt zahlreiche Gebiete mit sowohl reichlich W. als auch hohen Huftierdichten (z.B. SO-Polen und Abruzzen).

Wissenswertes: W. sind nur schwer zu dulden, wo Schafe, Ziegen oder Rentiere in freier Weidewirtschaft gehalten werden. Trotzdem gibt es in den meisten Ländern erfolgreiche Traditionen, mit denen sich die Hirten vor Verlusten durch W. schützen. Wo die Schafe von großen Hunden bewacht und nachts in Pferchen gesammelt werden (z.B. Abruzzen, Tatra), richten W. nur wenig Schaden an. In den entwickelten Ländern ist der W. für den Menschen ungefährlich, aus Indien und Pakistan jedoch sind tödliche Übergriffe auf Kleinkinder verbürgt. Aus EU gibt es lediglich 2 nachgewiesene Fälle von Wolfsangriffen (in Portugal, ebenfalls Kleinkinder).

W. erlebten ihren zahlenmäßigen Tiefststand etwa zu Beginn des 20. Jh. Neuerdings gewinnen sie wieder an Boden: Unterstützt durch das Verbot von Gift, einer Beschränkung der Jagd (Polen, Balkan) und den Anstieg der Bestände von wilden Huftieren (Italien) breiten sich W. in Polen und in den Balkanländern nach W, in Italien nach NW aus. In SO-Frankreich und im O von D sind W. dabei, neue Populationen zu begründen. Auch in Schweden hat sich, nachdem 1965 der damals letzte Wolf geschossen wurde, inzwischen wieder ein gewisser Bestand gebildet (im Jahr 2000 rund 80 Tiere). **RL! §! A**

Eisfuchs *Alopex lagopus*

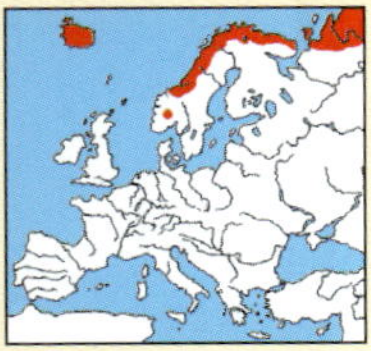

Merkmale: Kleiner als der Rotfuchs; KRL 50-70 cm, SL 28-40 cm, SH 28-32 cm, G 4,5-8 kg; kurze Schnauze, kleine, rundliche Ohren; kommt in 2 Farbschlägen vor: sog. Weißfüchse im Winter rein weiß, im Sommer graubraun; sog. Blaufüchse im Winter hellbraun, grau oder anthrazitfarben mit bläulicher Tönung, im Sommer einfarbig grau bis braun.

Verbreitung: N-Skandinavien, Island, arktische Inseln, im O bis Kamtschatka; N-Amerika.

Lebensweise: Die tag- und nachtaktiven, sehr wanderfreudigen E. sind Bewohner baumloser Tundren. Obgleich Allesfresser, ernähren sie sich vor allem von kleineren Wirbeltieren (Lemminge, Schneehasen, bodenbrütende Vögel), aber eben auch z.B. von Eiern, Beeren und Aas. Ihre Hauptfeinde sind der Wolf, Luchs, Vielfraß und Steinadler.

Der E. ist stark abhängig von den etwa 4-jährigen Populationszyklen der Lemminge. Nur in Jahren mit vielen Lemmingen bringen E. Junge zur Welt, dann allerdings bis zu einem Dutzend pro Wurf, im Extremfall sogar bis zu 20 Junge. In Jahren mit wenigen Lemmingen bleibt der Nachwuchs hingegen aus. Die Jungen werden nach einer Tragzeit von 49-56 Tagen in einer Erdhöhle oder Felsspalte geboren. Sie kommen blind und taub zur Welt und tragen bei der Geburt ein wolliges, dunkles Fell. Mit 6-8 Wochen werden sie entwöhnt, die Geschlechtsreife erreichen sie mit 1 Jahr.

Wissenswertes: Die zwei Farbschläge des E. stellen Anpassungen an verschiedene Lebensräume dar. Der »Weißfuchs« lebt im Inland, der »Blaufuchs« an der Küste. Früher wurde der E. intensiv bejagt und gefangen. Vor 100 Jahren war ein einziges Fell so viel wert wie der Jahreslohn eines Arbeiters. Die Nachstellungen führten in Skandinavien beinahe zu seiner Ausrottung. Obwohl der E. nunmehr seit rund 70 Jahren in sämtlichen skandinavischen Ländern unter Schutz steht, haben sich die Bestände bislang nicht erholt. Insgesamt rechnet man mit lediglich noch etwa 200 Tieren, die über ein riesiges Areal verstreut sind und kaum Kontakt zueinander haben. Für die stagnierende Populationsentwicklung trotz jahrzehntelangem Schutz wurden eine ganze Reihe von Gründen genannt: Konkurrenz durch den Rotfuchs, Nahrungsknappheit, zu wenige Lemminge oder auch Inzucht. Neuere Forschungen weisen alle diese Erklärungen zurück. Die Wissenschaftler vermuten heute, dass die Abstände zwischen den einzelnen E.-Familien einfach zu groß sind. Dadurch können wandernde Jungfüchse keinen Kontakt zu Artgenossen finden und gestorbene Altfüchse können nicht durch Zuwanderer ersetzt werden.

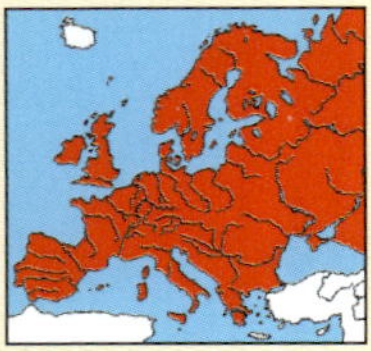

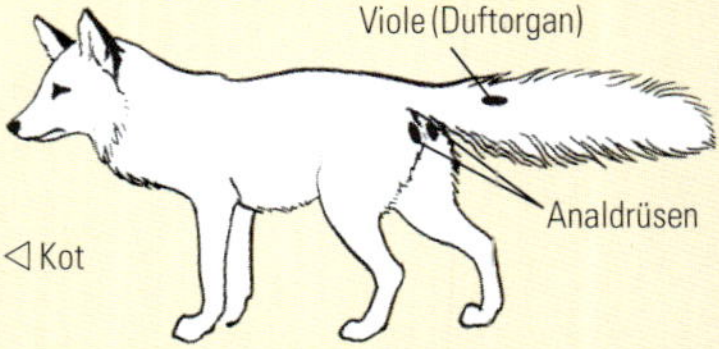

Merkmale: Unverwechselbare Gestalt; KRL 50-90 cm, SL 30-50 cm, SH 35-45 cm, G 2,5-10 kg; dichtes, weiches Fell, oberseits gelbrot bis rotbraun, unterseits hellgrau bis weiß, Schwanzspitze oft weiß; Neugeborene schiefergrau.

Verbreitung: Fast ganz EU; große Teile N- und Zentralasiens sowie N-Amerikas.

Lebensweise: Der vorwiegend dämmerungs- und nachtaktive R. kommt in nahezu allen Landlebensräumen bis über die Waldgrenze vor, auch in Siedlungen, sogar inmitten von Großstädten. Außerhalb der Fortpflanzungszeit gibt er sich einzelgängerisch. Zum Schlafen und zur Jungenaufzucht dient ihm ein Erdbau, den er selbst gräbt oder vom Dachs übernimmt. Sein Territorium (0,1-50 qkm) markiert er mit Harn und Kot. Streitende Füchse keckern, in der Paarungszeit ist oft ein kreischendes Bellen zu hören. Der R. ist ein ausgesprochener Allesfresser, der sich von Kleinsäugern, Vögeln, Insekten, Regenwürmern, Aas, Obst und Beeren ernährt. Seine Hauptbeute jedoch sind Mäuse. Als natürliche Feinde hat er Wolf, Goldschakal, Luchs, Adler und Uhu (Jungfüchse) zu fürchten.

Bei hoher Populationsdichte bildet der R. Familien aus 1 ♂ mit mehreren ♀, bei geringer Dichte (z.B. im hohen Norden) leben R. paarweise. Außer zur Paarungszeit werden R. allerdings fast nur einzeln gesehen, dabei haben sie aber über Duftmarken (an markanten Plätzen abgesetzter Kot und Urin) ständig Kontakt untereinander.

Das ♀ bringt nach einer Tragzeit von etwa 52 Tagen meist 4-7, in Einzelfällen bis zu 10 Junge pro Wurf zur Welt, die 7-9 Wochen gesäugt werden und mit 3-5 Monaten selbstständig sind.

Wissenswertes: Der Einfluss des R. auf seine Beutetierpopulationen ist von Fall zu Fall verschieden. Nachgewiesen ist, dass eine hohe Fuchsdichte zu einer Reduktion der Feldhasen führen kann. Auf manchen Inseln dezimieren R. den Brutbestand bodenbrütender Wasservögel. Deckungsarme Lebensräume erleichtern dem R. den Beutefang entscheidend.

Wegen seiner Häufigkeit, seiner weiten Verbreitung und seiner Anpassungsfähigkeit (Leben in Siedlungen) ist der R. der bedeutendste Tollwutüberträger. Früher wurden die R.-Bestände regelmäßig durch Tollwutepidemien reduziert. Durch die Impfung mit Ködern ist die Krankheit in D heute weitgehend erloschen. Auch die Räude kann einen R.-Bestand drastisch dezimieren (so geschehen in Skandinavien in den 1980er-Jahren). In vielen Ländern (auch in D) ist der R. Träger des Fuchsbandwurms, dessen Entwicklungsstadien beim Menschen zu schwerer Erkrankung und sogar zum Tod führen können. **§!**

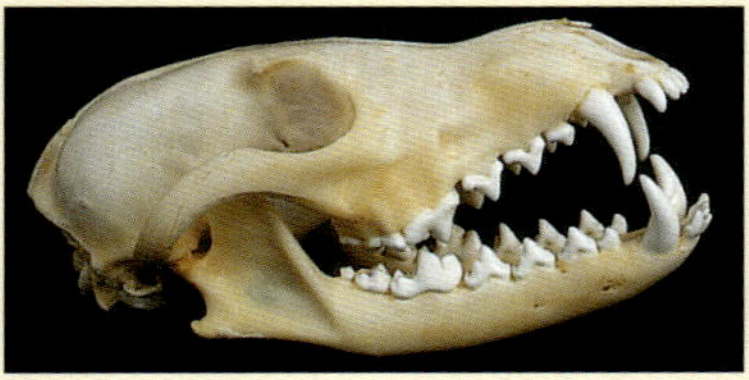

Gebiss

Trittspur

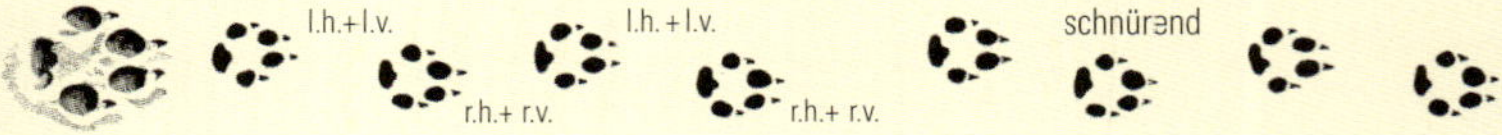

Marderhund *Nyctereutes procyonoides* FAMILIE HUNDE

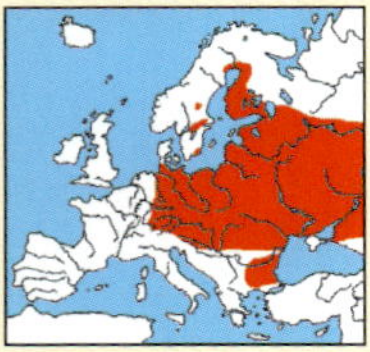

Merkmale: Fuchsgroß; KRL 50-80 cm, SL 15-25 cm, G 4-6 kg (Sommer), 6-10 kg (Winter); kurzbeinig, langhaariges Fell; Gestalt, Gesichtsmaske und Fell waschbärähnlich.

Marderhund △ und Rotfuchs ▽ im Größenvergleich

Verbreitung: Heimisch in O-Asien, China, Korea, Japan; nach Einbürgerung als Pelztier in der Ukraine (1928-1955) Ausbreitung nach N-EU (Finnland), M.- und S-EU.

Lebensweise: Besiedelt busch- und schilfreiche Flusstäler, Laub- und Mischwälder, häufig in Gewässernähe; versteckt lebend, vorwiegend nachtaktiv; Einzelgänger oder paarweise, gelegentlich im Familienverband; Spur ähnlich wie Fuchsspur (⇨S.112), aber Zehen stark gespreizt. Der M. ist mehr ein Sammler als ein Jäger, der, wenngleich Allesfresser, doch vorwiegend tierische Nahrung aufnimmt. Von XII-II hält er Winterruhe in einem selbst gegrabenen Bau. Das ♀ bringt nach einer Tragzeit von 59-63 Tagen durchschnittlich 6-8 Junge zur Welt.

Wissenswertes: Seit seiner Aussetzung in Russland breitet sich der M. kontinuierlich in Richtung W aus. Im Jahr 2000 waren bereits alle neuen deutschen Bundesländer von ihm besiedelt.

Waschbär *Procyon lotor* FAMILIE KLEINBÄREN

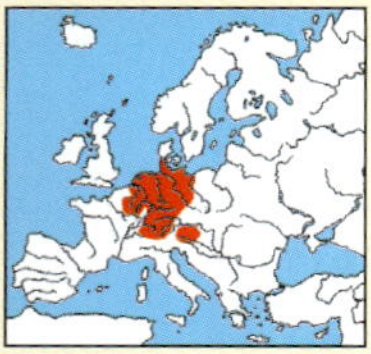

Merkmale: Größer als eine Hauskatze; KRL 40-70 cm, SL 20-30 cm, G 5-16 kg; charakteristische schwarze Gesichtsmaske, gedrungener Körper, kurze Beine, buschiger, schwarz geringelter Schwanz.

Verbreitung: Heimisch in N- und Mittelamerika. 1934 wurden W. in Hessen ausgesetzt, 1945 sind 25 Exemplare in Brandenburg aus einer Pelztierfarm entkommen. Seither sind W. in EU in Ausbreitung begriffen, zurzeit leben sie in D, Frankreich, Luxemburg, Holland und Österreich.

Lebensweise: Bewohnt Laub- und Mischwälder, Seen- und Sumpfgebiete, Flusstäler, auch den Siedlungsraum; dämmerungs- und nachtaktiver Einzelgänger, tagsüber versteckt in Baum- und Erdhöhlen; Allesfresser, benutzt Vorderpfoten als Hände; hält in kalten Wintern Winterruhe, die aber häufig unterbrochen wird.

Der W. ist stark abhängig von Baumhöhlen. Er bevorzugt als Lebensraum Eichenwälder, an den glatten Buchen kann er nur schlecht emporklettern und Nadelbäume haben keine Höhlen. Andererseits passt er sich hervorragend an menschliche Siedlungen an. In manchen Städten werden W. zu Dutzenden an Fütterungen gelockt, in N-Amerika sind sie häufige Stadtbewohner. Nach etwa 60 Tagen Tragzeit kommen pro Wurf meist 5-8 Junge zur Welt, die bei der Geburt blind und wollig behaart sind.

Wissenswertes: Der W. hat sehr bewegliche, schmale Greifhände, mit denen er Eier und Jungvögel in engen Bruthöhlen erfassen kann. Außerdem konkurriert er mit Marder und Waldkauz um Baumhöhlen. Daher gilt er als Feind der Baumbrüter, doch konnte ein quantitativer Einfluss auf andere Arten bisher nicht nachgewiesen werden.

Greifhand

Fußspur (laufend)

Braunbär *Ursus arctos*

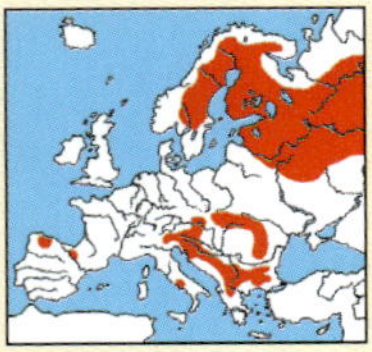

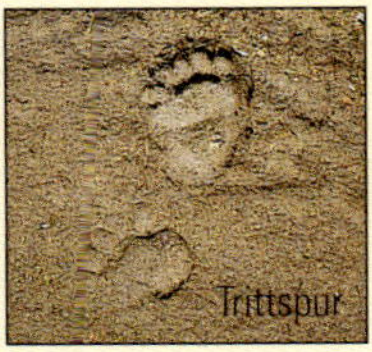

Merkmale: Groß, gedrungen; europ. Unterart: KRL 170-250 cm, SL 6-14 cm, SH 90-110 cm, G 120-250 kg und darüber. Einzige Bärenart in EU.
Verbreitung: Einst in der gesamten Paläarktis und in N-Amerika, heute in EU nur noch Restvorkommen. In Schweden lebten im Jahr 2000 über 1000 B. (Tendenz steigend), in Rumänien etwa 6600, in den Balkanländern etwa 4000. Kleine Populationen halten sich in Kantabrien (rund 80 Tiere), in den Abruzzen (40-80), in SO-Polen (90), der Slowakei (700) und im Baltikum (500). In den Pyrenäen und in N-Italien (Trentino) steht der B. vor dem Aussterben. In Österreich und NO-Italien ist durch Zuwanderung aus Slowenien und durch Aussetzungen eine kleine Population neu entstanden.
Lebensweise: Dämmerungs- und nachtaktiver Einzelgänger; lebt in großräumigen Waldgebieten und Gebirgswäldern, auch in der Tundra; Reviere 10-1600 qkm groß; Allesfresser, hauptsächlich vegetarische Nahrung; hält unregelmäßig Winterruhe. In den nordischen Ländern mit regelmäßiger Schneelage verschlafen B. den Winter von XI-V unter umgestürzten Wurzeltellern, in ausgehöhlten Ameisenhaufen oder in Felshöhlen. Während der Winterruhe findet keine Nahrungsaufnahme statt, auch Kot- und Harnausscheidung unterbleibt, die Körpertemperatur sinkt um ca. 5 Grad, der Puls von 40 auf 10 Schläge pro Minute. In südlichen Breiten (z.B. im Balkan) sind B. oft den ganzen Winter über aktiv. Die Jungen kommen nach einer Tragzeit von 6-7, gelegentlich 9 Monaten nur rattengroß, nackt und blind im Winterlager zur Welt. Auch den nächsten Winter verbringen sie noch mit der Mutter im Lager, erst ab 2,5 Jahren gehen sie eigene Wege, mit 4-5 Jahren werden sie geschlechtsreif. Nur jedes 2. bis 3. Jahr kommt es zu einem Wurf von jeweils 2-3, selten auch 4 oder 5 Jungen.

Kratzspuren markieren Revier.

B. ernähren sich im Sommer und Herbst größtenteils von Beeren, Eicheln, Bucheckern, Kastanien und Wildobst. Zu solchen Nahrungsquellen wandern sie weite Strecken. Auch Getreidefelder (Hafer, Mais) werden aufgesucht. Eine bedeutende Rolle in der Ernährung spielen überdies Ameisen. Im Frühjahr vertilgt der B. auch Fallwild vom Winter oder jagt geschwächte Huftiere. Ansonsten tritt er nur selten als Jäger in Erscheinung. Allenfalls schlägt er frei weidende Schafe.
Wissenswertes: Eine B.-Population produziert nur wenig Nachwuchs, die weiblichen Jungtiere bleiben zudem gewöhnlich in der Nähe ihres Heimatreviers. Deshalb sind weit umherstreifende B. fast immer junge ♂ und die Wiederbesiedlung leerer Gebiete erfolgt sehr langsam. Trotzdem sind die Chancen gut, dass die Alpen von Slowenien her allmählich wieder von B. besetzt werden. Aussetzungen wie seit 1999 im Trentino können die Rückkehr unterstützen.
Der B. meidet den Menschen, ist aber sehr lernfähig. Attraktive Nahrungsquellen (Müll, Wildfutter, Honig, sogar Bioölkanister) sucht er gerne auf, dabei kann es zu Begegnungen und Unfällen mit B. kommen. Der europäische B. ist jedoch im Gegensatz zum amerikanischen B. (Grizzly) kaum aggressiv. **RL! §! A**

Eisbär *Ursus maritimus*

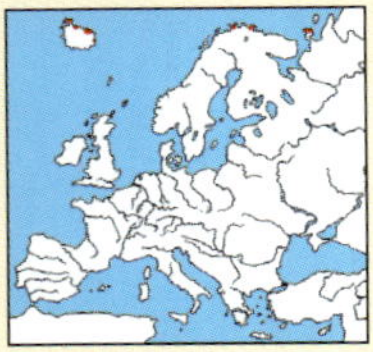

Merkmale: Größtes lebendes Landraubtier, größer als der Braunbär; KRL 160-250 cm, SL 8-10 cm, G 250-500 kg (ausnahmsweise bis zu 1000 kg!), ♀ deutlich kleiner und leichter als ♂; stromlinienförmiger Körperbau, hinten überbaut, Schwanz kaum sichtbar; kleine Ohren und Augen, blaue Zunge, Zehen bis zur halben Länge mit Spannhaut (Schwimmhaut) verbunden; Fellfärbung einheitlich weiß bis schmutzig weiß, manchmal mit Stich ins Gelbe.

Verbreitung: Arktische Region von EU, Asien und N-Amerika mit Inseln, Küsten- u. Treibeisgebieten.

Lebensweise: E. bewohnen die Treib- u. Packeismassen des Nordpolarmeeres, in geringerem Umfang auch die Uferstreifen der Meeresküsten und Inseln. Nur äußerst selten dringen sie in N-EU in Tundragebiete vor, gewöhnlich bildet der Rand des Treibeises die Verbreitungsgrenze. Der Rückzug auf Inseln des europäischen Verbreitungsgebiets findet v.a. in der zum Teil über 4 Monate dauernden Polarnacht statt.

Die einzelgängerischen, tag- und nachtaktiven E. führen weite Wanderungen durch oder werden auf dem Treibeis im Nordpolarmeer über große Strecken transportiert. Ihr dichtes Fell und die darunter befindliche Fettschicht wirken als hervorragender Kälteschutz. E. sind gute Schwimmer und können bis zu 2 Minuten lang tauchen. Auf glattem Eis laufen sie dank ihrer dicht behaarten Fußsohlen und starken Krallen sehr sicher. Längere Wanderungen machen E. in ruhigem Passgang, dabei pendeln Kopf und Hals langsam hin und her. Im Schritttempo legen sie 4-5 km/h, im Trab 8-12 km/h und im Galopp bis zu 15 km/h zurück, wobei sie aber das Galopptempo nur über kurze Entfernungen halten können.

Robben bilden 90% der Nahrung, vor allem Ringel- und Bartrobben, deren Vorkommensgebiete sich mit dem Areal des E. decken. Walrossen, Sattelrobben und Klappmützen stellen E. hauptsächlich in deren Wurfgebieten nach. In Ausnahmefällen können sie sogar ausgewachsene Walrosse von 400-1000 kg Gewicht reißen. Seltener werden Ren und Moschusochse gejagt. Auf Inseln und unterhalb von Vogelfelsen fressen die arktischen Jäger Seevogeleier bzw. abgestürzte Jungvögel. Manchmal schwimmen sie auch Schwärme von Eisenten u.a. Seevögeln an, um sich aus dem schwimmenden Trupp ein Tier zu schnappen. Auch Lemminge, im Sommer Gras, Beeren und andere Früchte sowie Seetang werden verzehrt.

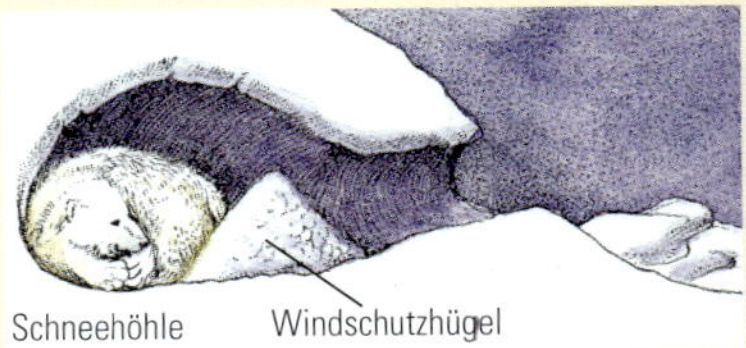

E. orientieren sich überwiegend mit ihrem Geruchssinn und dem Gehör. Die Tiere haben keine ständigen Lager. Bei Wanderungen auf Pack- und Treibeis ruhen sie auf dem Eis oder unter Eisschollen. In Zeiten der Nahrungsarmut ziehen sich erwachsene E. im S in selbst gegrabene Schneehöhlen oder vorgefundene Eis- und Felshöhlen zurück, um dort bei eingeschränktem Stoffwechsel zu ruhen oder einen echten Winterschlaf zu halten. Paarungen finden zwischen III und V statt. Nach 7-8 Monaten Tragzeit bekommt das ♀ in ihrer Schneehöhle (meist im XII) 1-3 Junge, die als Nesthocker blind, mit geschlossenen Ohröffnungen und schütterem, weißem Fell geboren werden. Nach ca. 4 Wochen öffnen die Jungen die Augen, bis zum Alter von 2 Monaten werden sie nur mit Muttermilch genährt, nach Verlassen des Lagers fressen sie an der Beute der Mutter mit. Erst nach 3 Jahren löst sich die Mutterfamilie auf. Mit 4-6 Jahren sind E. geschlechtsreif. Sie können bis zu 30 Jahre alt werden.

Wissenswertes: Dank internationaler Schutzabkommen haben sich die Bestände des E. in den letzten Jahrzehnten sehr gut erholt. **B**

Trittspur

Hermelin, Wiesel *Mustela erminea*

FAMILIE MARDER

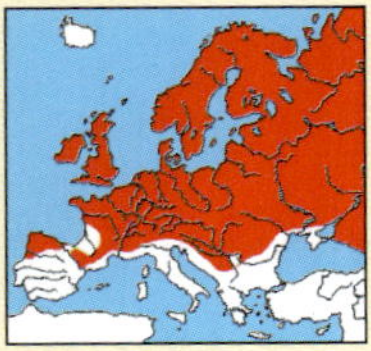

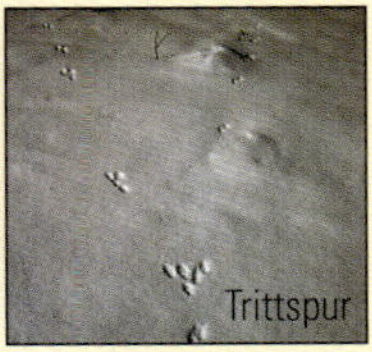

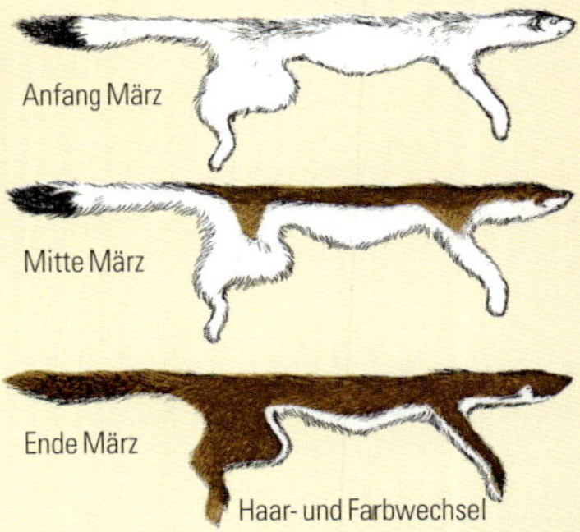

Merkmale: Rattengroß; sehr schlanker, langer Körper; KRL 18-32,5 cm (♂), 17-27 cm (♀), SL 5-12 cm, G bis 350 g (♂) bzw. bis 200 g (♀); Oberseite im Sommer hell- bis zimtbraun, geradlinig scharf gegen die gelblich weiße Unterseite abgesetzt; Schwanz immer mit schwarzer Spitze; im Winter Fell mit Ausnahme der Schwanzspitze völlig weiß; Haarwechsel (Umfärbung) zum Winterfell schnell, im Frühjahr länger dauernd, dann oft braun-weiß gescheckte Tiere zu sehen (Zeichnung).

Verbreitung: Ganz EU außer Island und dem Mittelmeerraum; ferner Asien, N-Amerika.

Lebensweise: H. leben in Tundren-, Steppen- u. Waldgebieten, in Parklandschaften, Siedlungen, Gärten und Parks, im Gebirge bis ca. 3000 m Höhe. Die hauptsächlich bodenbewohnenden, vorwiegend nachtaktiven Tiere leben als Einzelgänger oder im Familienverband. Sie hausen in Stein- oder Reisighaufen, Erd- und Baumhöhlen oder Nagetierbauen. Sie erbeuten v.a. Kleinsäuger bis Kaninchengröße, daneben auch Lurche, Kriechtiere, Fische, Vögel und deren Eier bzw. Brut. **§!**

Mauswiesel *Mustela nivalis*

FAMILIE MARDER

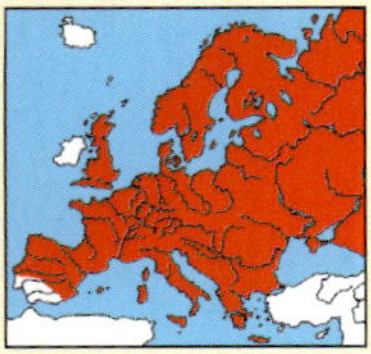

Merkmale: Kleinstes Raubtier der Welt, mausgroß; KRL 13-26 cm (♂), 11-22,5 cm (♀), SL 5-7 cm, G 75-200 g (♂), 45-110 g (♀); Fell oberseits rotbraun bis graubraun, unterseits weiß bis gelblich weiß, gezackt abgesetzt; Schwanz im Gegensatz zum Hermelin ohne schwarze Spitze. Nur in nördlichen Verbreitungsgebieten und im Hochgebirge tragen M. zeitweise ein weißes oder weiß geflecktes Fell sowie ein geflecktes Übergangskleid.

Verbreitung: Ganz EU außer Island und Irland; ferner Asien, Afrika und N-Amerika.

Mauswiesel

Hermelin

Lebensweise: Die Verbreitungsgebiete von M. und Hermelin zeigen eine große Überlappung, doch während das Hermelin problemlos größere Nager erbeutet, ist das M. ein ausgesprochener Jäger kleiner Wühlmausarten. Neben der kleinräumigen Verteilung der unterschiedlichen Beutetierarten ist für das gemeinsame Vorkommen der Wieselarten eine ausreichende Lebensraumvielfalt notwendig. Die weitgehend dämmerungs- u. nachtaktiven M. bewohnen deckungsreiche Habitate und benutzen als Verstecke Maulwurfsgänge und Wühlmausnester. Im Winter halten sie sich auch in Gärten und Siedlungen auf, um Unterschlupf in Holzstapeln, Schuppen und Ställen zu suchen. Nasses Gelände und Wälder werden gemieden. Bei der stöbernden Jagd lassen sich M. vor allem vom Geruchssinn leiten und folgen den Nagern problemlos in ihre Gänge. Hauptpaarungszeit ist II und III. Die ♀ werfen 1- bis 2-mal im Jahr nach 5 Wochen Tragzeit 3-12 nesthockende, zunächst noch blinde Junge. **V, §!**

Europäischer Nerz *Mustela lutreola*

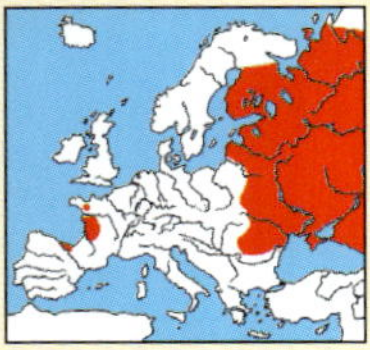

Merkmale: Typische Mardergestalt, etwa iltisgroß; KRL 28-43 cm (♂), 32-40 cm (♀); SL 12,4-19 cm (♂), 13-18 cm (♀); G 500-1000 g; dunkel zimtbraun, Ober- und Unterlippe sowie Kinn weiß, weißer Kehl-Brustfleck; Zehen z.T. mit kurzen Schwimmhäuten.

Verbreitung: In großen Teilen von EU ausgerottet; Restbestände in Frankreich und Spanien, im europ. Russland, in Finnland, W-Sibirien u. im Donaudelta.

Lebensweise: Die reviertreuen Einzelgänger leben an Bächen, Gräben und kleinen Flüsschen mit angrenzenden Baumbeständen und dichtem Unterwuchs, in Sümpfen und Bruchwäldern sowie in Schilfgürtel von Seen und Fließgewässern. E.N. können gut schwimmen und tauchen. Sie sind vor allem nachts oder in den Morgenstunden in den Uferregionen krebs- und fischreicher Gewässer unterwegs, die auch im Winter offene Stellen

aufweisen. Die meisten ihrer Baue und Unterschlupfe finden sich entlang des Ufers (Baumwurzelhöhlen, vermodernde Baumstämme, Schilf- und Reisighaufen oder selbst gegrabene Baue mit dem Eingang oft unter der Wasserlinie). Das Nahrungsspektrum umfasst Mäuse, Fische, Krebse, Frösche, Wasserinsekten, Weichtiere und Vögel. Paarungen finden zwischen I und IV statt. Nach ca. 6 Wochen Tragzeit wirft das ♀ 3-7 blinde Junge, die 4 Wochen gesäugt werden und meist bis zum Herbst bei der Mutter bleiben.

Wissenswertes: Rückgangsgründe sind neben der starken Verfolgung als Pelztier die Vernichtung der Uferwälder, Nahrungsverknappung und steigender Konkurrenzdruck durch Iltis und Mink. **RL! §!**

Mink *Mustela vison*

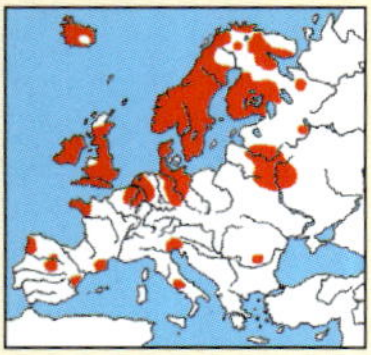

Merkmale: Etwa iltisgroß; KRL 34-45 cm (♂), 31-38 cm (♀), SL 12-25 cm, G 600-1500 g (♂), 400-850 g (♀); Färbung von Rücken- und Bauchseite gleichmäßig schokoladen- bis zimtbraun, im Unterschied zum Europ. Nerz Oberlippe ohne weißen Fleck; in freier Wildbahn auch zahlreiche Farbvarianten, z.B. schwarze und silbergraue Exemplare; Kehle und Brustbereich mitunter mit zahlreichen weißlichen Flecken; Zehen mit kurzen Schwimmhäuten.

Verbreitung: N-Amerika in EU in den 20er-Jahren des 20. Jh. als Farmtier eingeführt, z.T. entkommen, z.T. bewusst ausgesetzt.

Lebensweise: Der M. besetzt im Wesentlichen die gleiche ökologische Nische wie der Europ. Nerz: Waldseen mit dichten Vegetationsgürteln und Erlenbruch, unterholzreiche Ufer von Bächen und Flüssen, Marschlandschaften und Auwälder. Die Tiere jagen dort Kleinsäuger und bodenbrütende Vögel. M. halten sich gern in und an fischreichen Gewässern auf, die im Winter eisfrei bleiben oder durch ihre Uferbeschaffenheit Hohlräume für Luftzufuhr und Zugang zu Schlupfwinkeln gewähren. Die Nähe von Bisamratten (⇨S.80) wird bevorzugt, deren Baue und Kegelburgen M. häufig aufsuchen. An baumlosen Küsten werden Felsnischen, Steinwälle und Schuppen bewohnt. In N-Amerika ist die Bisamratte unter den Säugern das Hauptbeutetier des M. Wo diese in EU fehlt, wurden größere Schäden an Wild- und Hausgeflügel sowie an Fischzuchten durch den M. bekannt. In M.-EU, wo der M. zunehmend Fuß fasst, stellt er nach ersten Hinweisen aus D ebenfalls der Bisamratte nach. Hauptpaarungszeit ist III bis Anfang IV, Wurfzeit ist IV-V. M. sind überwiegend nachtaktiv.

Wissenswertes: Die einzelgängerisch lebenden M. haben Wohngebiete von 1-5 km Uferlänge, in denen sie Artgenossen gleichen Geschlechts nicht dulden. Durchzügler, die keine Reviere verteidigen und entlang der Wasserwege wandern, treten v.a. während der Paarungszeit auf oder folgen in VIII/IX den abwandernden Jungen.

Waldiltis, Iltis *Mustela putorius*

FAMILIE MARDER

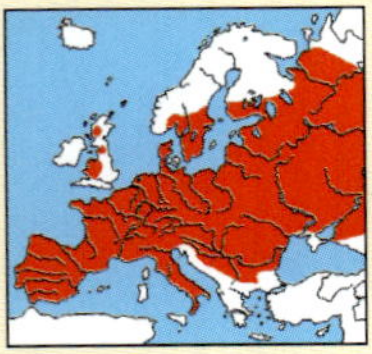

Merkmale: Typische marderartige Gestalt; KRL 35-46 cm (♂), 30-40 cm (♀), SL 12-17 cm (♂), 8-15 cm (♀), G 1-1,5 kg (♂), 600-800 g (♀); buckelartige Rückenlinie; Fellfärbung dunkelbraun bis schwarz mit gelblicher, an den Flanken durchschimmernder Unterwolle; gelblich weiße Gesichtsmaske.

Verbreitung: EU (außer Irland, N-Skandinavien, Balkan, N-Russland), Asien, N-Afrika.

Lebensweise: Vorwiegend nachtaktiver Einzelgänger, bewohnt Wälder, Wiesen, Felder, Park- u. Heckenlandschaften, oft auch in Gewässer- und Siedlungsnähe, vom Tiefland bis in 2000 m Höhe; ernährt sich von Kleinsäugern, v.a. Wühl- und Waldmäusen, Ratten, auch Amphibien, Vögeln, Eiern, Reptilien, Schnecken, Regenwürmer u. Insekten.

Wissenswertes: Die hellen bis weißen Frettchen *Mustela putorius* f. *furo* sind die domestizierte Form des W. und werden zu Kaninchenfang und Rattenbekämpfung eingesetzt. **V, §!**

Steppeniltis *Mustela eversmanii*

FAMILIE MARDER

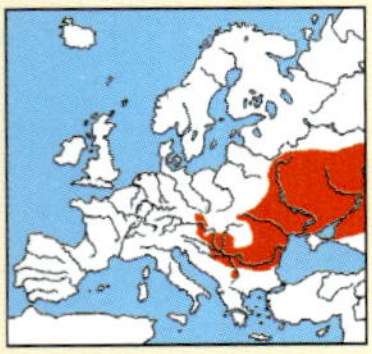

Merkmale: Sehr ähnlich dem Waldiltis, bis auf dunkle Beine, Füße und Bauchpartie aber deutlich heller gefärbt; KRL 32-56 cm (♂), 29-52 cm (♀), SL 7-18 cm, G bis 2 kg (♂), bis 1,4 kg (♀).

Verbreitung: SO-EU, im O bis Zentralasien; isoliertes Vorkommen in Böhmen, Mähren, S-Slowakei, Ukraine, Niederösterreich, Burgenland, Ungarn.

Lebensweise: Besiedelt in EU offene Graslandschaften (bevorzugt Steppen) und Felder, in der Nähe von Ziesel- und Perlzieselbauen, meidet Waldgebiete und Siedlungen; lebt nomadisch und wechselt Aktionsräume mit dem Nahrungsangebot; bewohnt Baue von Hamstern, Zieseln, Blindmäusen, Murmeltieren, Wildkaninchen, Füchsen und Dachsen; ernährt sich von Nagetieren, Reptilien, Lurchen, Vögeln, Fischen, Gliedertieren und Pflanzen. Am Ausgang ihres Baues setzen S. Kot ab. Zu ihrem Lautinventar zählen Winseln, Zischen sowie ein schnelles, hohes, heiseres Gekläff. Bei Bedrohung verspritzen sie ein Sekret aus den Analdrüsen. **§!**

Tigeriltis *Vormela peregusna*

FAMILIE MARDER

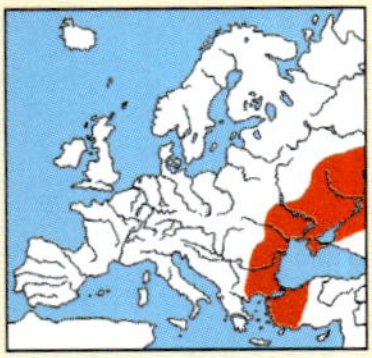

Merkmale: Typische Mardergestalt, ähnlich dem Wald- und Steppeniltis, aber etwas kleiner; KRL 27-35 cm, SL 12-20 cm, G 370-729 g; Grundfärbung oberseits dunkel- bis gelbbraun mit fleckiger, gelblich weißer Scheckung, bauchseits dunkelbraun bis schwarz, auffällige schwarz-weiße Gesichtsmaske; besonders buschiger Schwanz mit schwarzer Spitze; Ohren etwas größer als bei Arten der Gattung *Mustela*.

Verbreitung: SO-EU, Vorder-, Mittel- und Teile Zentralasiens (N-China, Mongolei).

Lebensweise: Bewohnt offene, trockene Flächen in den Ebenen (trockene Steppen, Halbwüsten und Wüsten), manchmal auch offene, grasbewachsene Landschaften der Vorgebirge, kommt selten auch in unbewaldeten Gebirgsmassiven bis in 2000-3000 m Höhe vor; heutige Biotope häufig trockenwarme, parkartige Wälder, Weinberge, Gärten, selten Ortschaften.

Wissenswertes: Limitierender Faktor für Verbreitung wie Individuenzahl des T. scheint das Vorkommen von Zieseln und Hamstern zu sein. T. fangen bevorzugt diese koloniebildenden Nagetiere und nutzen ihre Baue. **§!**

Steinmarder *Martes foina*

FAMILIE MARDER

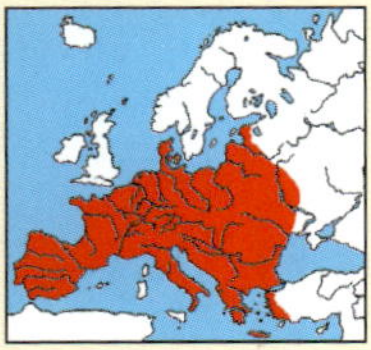

Merkmale: Etwa katzengroß; KRL 40-50 cm, SL 21-27 cm, G 1,7-2,3 kg (♂), 1,1-1,5 kg (♀); schlanker, gestreckter Körper, kurze Beine; fleischfarberer Nasenspiegel; Grundfärbung graubraun, Fell lichter u. gröber als beim Baumm., meist gegabelter weißer Kehlfleck.
Verbreitung: EU, nur auf Island, in Großbritannien, Skandinavien und auf Mittelmeerinseln fehlend; in Asien bis China und Mongolei.
Lebensweise: S. sind überaus anpassungsfähig und ausgesprochene Kulturfolger. In EU werden fast alle Landschaftstypen besiedelt, neben Ackerland und Wälder auch Parklandschaften, Gärten, Siedlungen und Städte. Die Nahrung der ausschließlich nachtaktiven S. ist sehr vielseitig: Nagetiere, Vögel, Eier, Insekten und Regenwürmer, im Sommer bis zu 80 % Früchte. Die Reviere der S. sind 80-150 ha groß. Paarungen erfolgen im VII/VIII. Die Keimentwicklung ist verzögert, die eigentliche Tragzeit dauert 2-3 Monate. Die 2-5 blind und hell behaart geborenen Jungen verlassen erst nach 8 Wochen Säugezeit das Nest. Sie bleiben bis zum Herbst bei der Mutter.
Wissenswertes: S. klettern gut und bewohnen gern Dachböden, auf denen sie sehr geräuschvoll sein können und z.T. Schäden an Isoliermaterial (für Nestbau) anrichten. Als »Automarder« wurden sie bekannt, weil S. auf ihren nächtlichen Streifzügen häufig in Motorräume geparkter Fahrzeuge eindringen, dort evtl. den Duft von Rivalen riechen u. gegen das »Phantom« mit Zerbeißen von Plastik- u. Gummischläuchen reagieren. **§!**

Ballen unbehaart

Trittspur

Baummarder *Martes martes*

FAMILIE MARDER

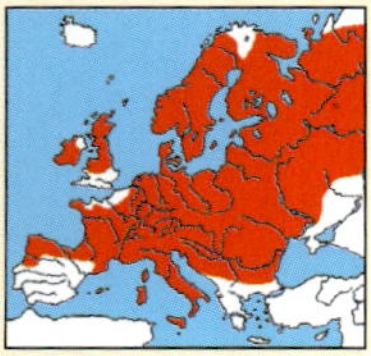

Merkmale: Typische, katzengroße Mardergestalt; ♂ größer als ♀, KRL 40-53 cm, SL 22-28 cm, G 1,2-2,4 kg (♂), 0,8-1,4 kg (♀); kastanienbraunes, feinseidiges Fell; dottergelber bis rötlich gelber Kehlfleck; Nasenspiegel schwarz bis schwarzgrau; höher und schlanker gebaut als der Steinmarder.
Verbreitung: EU, nur auf Island, im nördlichsten Skandinavien, in großen Teilen der Iberischen Halbinsel und Griechenlands fehlend; im O bis Sibirien, auch Klein- und Vorderasien.
Lebensweise: B. bewohnen die verschiedensten

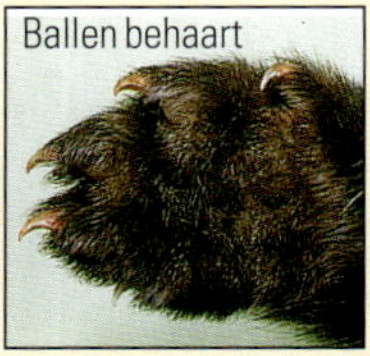

Ballen behaart

Wälder, von lichten bis zu dichten, dunklen Nadelwäldern, von Eichen-Hainbuchen- bis zu Eichen- und Buchenwäldern. Sie bevorzugen höhlenreiche Altholzbestände mit gutem Kleinsäugervorkommen. Zu ihrer Nahrung gehören Nagetiere bis Eichhörnchengröße, Vögel bis Hühnergröße, Eier, Kriechtiere, Insekten, Regenwürmer, Obst, Beeren und Bucheckern. Die hauptsächlich nachtaktiven Einzelgänger sind gewandte Kletterer. Sie bewohnen Baumhöhlen, verlassene Krähen- und Greifvogelnester oder große Nistkästen, im Winter beziehen sie die wärmeren Eichhörnchenkobel oder aber Erdhöhlen. Ein B.-Revier ist zwischen 1 und 30 qkm groß, wobei die größeren ♂-Reviere je ein oder mehrere ♀-Reviere einschließen. **V, §!**

Vielfraß *Gulo gulo*

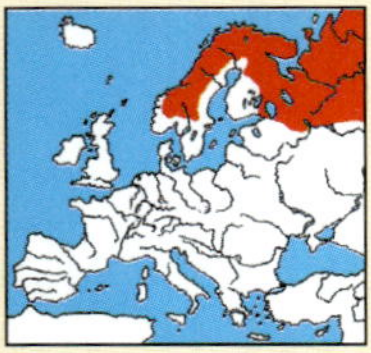

Merkmale: Größter Marderartiger in EU; KRL 70-105 cm, SL 18-23 cm, G 10-25 kg; etwas größer und hochbeiniger als ein Dachs; langes, dichtes Fell, meist dunkelbraun, aber variierend, an Stirn und Seiten oft gelbbraun; buschiger Schwanz; dicke Pfoten, Krallen teilweise rückziehbar.

Verbreitung: N-Skandinavien, ostwärts bis N-Sibirien, ferner N-Amerika.

Lebensweise: Der V. ist ein Bewohner der nördlichen Taiga, der Nadelwaldregion und Tundra. Der Einzelgänger besetzt sehr große Reviere von 70-200 qkm. Er ernährt sich von Kleinsäugern, Vögeln, Eiern, Insekten, Aas, Beeren, im Winter überwiegend von Rentieren, und nutzt gern Beutereste von Luchs und Wolf.

Die meist 2-3, manchmal auch 4 Jungen kommen nach einer verlängerten Tragzeit von 7-9 Monaten im Spätwinter in einer Höhle zur Welt. In Hochgebirgslagen (dem Fjell) gräbt das Weibchen dazu einen tiefen Tunnel durch eine Schneewächte bis zu den Felsblöcken darunter. Im Nadelwald der Taiga nutzt es auch hohle, liegende Bäume als Wurfhöhle. Die Jungen sind sehr klein und empfindlich, manche werden auch das Opfer anderer V. Sie werden etwa 3 Monate lang gesäugt. Erst im Alter von 13 Monaten trennen sie sich von der Mutter und suchen sich ein eigenes Revier. Dabei legen sie Strecken von 50-100 km zurück. Im 2. oder 3. Lebensjahr erreichen sie die Geschlechtsreife.

Lange Zeit galt der V. als Aasfresser, doch die Rentiere haltenden Samen und die Schafzüchter in Skandinavien wussten es besser: Dort fallen dem V. alljährlich mehrere tausend Haustiere zum Opfer. Die im Wald ohne Aufsicht frei weidenden Schafe sind eine leichte Beute im Sommer, die zahmen Rentiere werden bei tiefem Schnee vom V. überwältigt. Eigentlich ist der große Marder kein guter Jäger, er hat aber eine enorme Ausdauer und vermag sich dank seiner breiten Pfoten hervorragend in lockerem, tiefem Schnee zu bewegen.

Vielfraß und Baummarder im Größenvergleich

Wenn sich die Gelegenheit bietet, tötet der V. mehrere Tiere auf einmal. Gern deponiert er die Kadaver dann in Wasserlöchern, wo sie frisch bleiben und vor anderen Aasfressern (Fuchs, Adler, Kolkraben) sicher sind. Diese Nahrungsdepots sucht er später wieder auf, doch sind sie vor allem überlebenswichtig für die Jungen, die nach der Trennung von der Mutter zunächst noch unerfahren sind und es schwer haben, selbstständig Beute zu machen.

Wissenswertes: Wegen der Massaker unter Rentieren und Schafen wurden und werden V. in Skandinavien illegal stark verfolgt. Früher wurden sie aus der Wurfhöhle ausgegraben oder sie wurden im Schnee aufgespürt und auf Skiern verfolgt, manchmal über viele Tage. Heute sind sie mit Motorschlitten rasch eingeholt. Diese technische Neuerung ist nach Meinung von Fachleuten die größte Gefahr für das Überleben des V. in Gebieten mit weidenden Haustieren. Aufgrund seiner geringen Nachwuchsrate und seiner von Natur aus niedrigen Populationsdichte ist der V. nicht in der Lage, größere Verluste rasch auszugleichen. Im Jahr 2000 wurden die Bestände auf 220 Tiere in Norwegen und auf 365 in Schweden geschätzt.

Früher wurde dem V. auch wegen seines überaus strapazierfähigen, dichten und langhaarigen Pelzes nachgestellt. Gefürchtet ist sein übel riechendes Analdrüsensekret, das er verspritzt, wenn er angegriffen wird (etwa von Wölfen oder Hunden). Sein Name kommt aus dem Norwegischen: Fjell heißt Gebirge, fräsna fauchen. **§!**

Dachs *Meles meles*

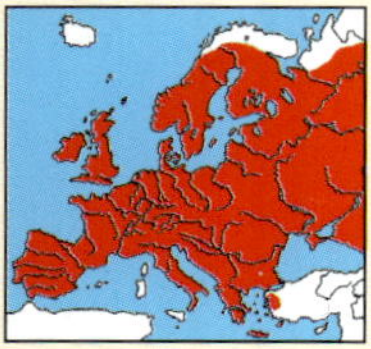

Merkmale: Plumper Körper; KRL 60-90 cm, SL 15-20 cm, G 7-13 kg (Sommer), 15-25 kg (Herbst/Winter); Kopf schwarz-weiß längsgestreift; Vorderpfoten mit langen, starken Krallen, Sohlengänger.

Verbreitung: EU (außer Island, N-Skandinavien, Sardinien, Sizilien und Korsika), nach O bis Mittelasien.

Lebensweise: Der D. ist ein Bewohner von Laub- und Mischwäldern, Parklandschaften und Flussauen und kommt im Gebirge bis in 2000 m Höhe vor, auch in Siedlungen ist er anzutreffen. Der dämmerungs- und nachtaktive Einzelgänger lebt paarweise oder im Familienverband. Er gräbt umfangreiche Baue mit verzweigten Gangsystemen und 1 oder mehreren Kesseln. Für ein Leben unter Tage ist er bestens ausgestattet. Von seinem robusten Haarkleid rieselt Erdreich seitlich ab, mit den starken Krallen der Vorderpfoten kann er auch in schwere Böden graben. D. arbeiten das ganze Jahr emsig an der Verbesserung ihres Erdbaus – räumen für die Winterruhe dürres Gras hinein und im Frühjahr wieder hinaus, korrigieren die Gänge und schaffen Erdreich hinaus, das herunter gebröckelt ist. In ihrem Revier legen D. regelrechte Latrinen an, Erdlöcher, in denen sie ihren Kot absetzen. Damit markieren sie den Besitz ihres Reviers gegenüber Artgenossen. Sie dulden jedoch durchaus z.B. eine Fuchsfamilie als »Untermieter« – allerdings mit getrenntem Kessel – in ihrem Bau.

Im Herbst fressen sich D. einen mächtigen Fettvorrat für die Winterruhe an. Sie können dann das doppelte Gewicht im Vergleich zum Frühjahr erreichen. Bei der Nahrungswahl sind sie recht flexibel: Kleinsäuger und -vögel, Eier, Amphibien, Reptilien, Insekten, Schnecken, Regen-

Bau (Ausschnitt)

Vorderfuß

würmer (örtlich bis zu 80%), Obst, Nüsse, Beeren und Feldfrüchte – alles ist ihnen recht. Das Fortpflanzungsgeschehen ist noch nicht genau geklärt. Anscheinend paaren sich die ♀ unmittelbar nach der Geburt der Jungen (II), die erst einjährigen ♀ dagegen im Sommer. Die Keimzelle ruht bis XII im Uterus und entwickelt sich erst dann zum Embryo. Während der Paarung schreien D. wie Säuglinge. Pro Wurf bringt das ♀ 1-6, meist aber 2 Junge zur Welt, die etwa 3 Monate gesäugt werden.

Wissenswertes: Der D. hat im Zuge der Tollwutbekämpfung mit Giftgas vorübergehend stark gelitten, doch haben sich seine Bestände inzwischen gut erholt. Heute ist der D. so gut wie überall in D in guten Zahlen vertreten. In Skandinavien breitet er sich neuerdings rasch in Richtung N aus. **§!**

Baueingang

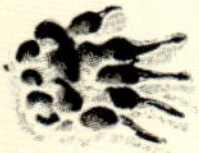

vertraut trabend

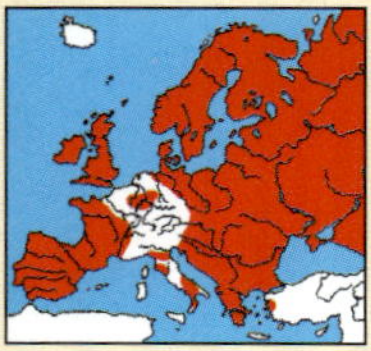

Merkmale: Rotfuchsgroß, durch kurze Beine und langen, starken, spitz zulaufenden Schwanz gedrungen und schlank zugleich wirkend; KRL 60-95 cm, SL 25-55 cm, G 5,5-10 kg; ♂ meist größer und schwerer als ♀; dichtes Fell mit feiner Unterwolle, oberseits dunkelbraun, Brust und Unterleib blass; einige Tiere mit weißlichem Fleck am Unterkiefer, manchmal bis zum Hals reichend; zwischen den Zehen Schwimmhäute.

Verbreitung: EU außer Island und den Mittelmeerinseln; ferner N-Afrika, Kleinasien, im O mit Ausnahme der Steppen u. Wüsten bis Japan; in vielen Gebieten bereits ausgerottet oder stark bedroht.

Lebensweise: F. bewohnen die verschiedensten Gewässer: Flüsse, Bäche, Kanäle, Seen, Sümpfe, Flussmündungen und Meeresufer v.a. an felsigen Küsten. Entscheidend für die Wahl des Lebensraums ist eine reichhaltige Fischfauna, an Binnengewässern ist zudem der kleinräumige Wechsel verschiedener Ufer- bzw. Gewässerstrukturen wichtig. Dazu gehören u.a. Kurven und Mäander, Flach- und Tiefwasserzonen, unterschiedliche Strömungsbereiche, Flach- und Steilufer, Einmündungen von Nebengewässern, Altarme, Sand- u. Kiesbänke, Auwaldzonen, Kraut-, Ried- und

Schilfbereiche. Die Struktur des Lebensraums beeinflusst nicht nur den Beutefang, sondern auch z.B. das Fortpflanzungs- u. Aufzuchtverhalten, Wanderungen und Territorialmarkierungen.

Als Such- und Verfolgungsjäger nutzen F. fast alle am, auf und im Wasser lebenden Tiere, ggf. auch Aas: Fische, Frösche, Kleinsäuger bis Bisamrattengröße, Muscheln, Schnecken, Wasservögel, Krebse und Wasserinsekten. F. sind vorwiegend nachtaktiv, jedoch im Winter, in Gebieten mit geringen menschlichen Störungen sowie entlang von Küsten mit Gezeitenrhythmus auch tagsüber unterwegs. Die territorialen F. leben einzeln, paarweise oder im Familienverband. Mit ihrem Kot markieren sie die Grenzen ihres Territoriums, dessen Größe in erster Linie vom Nahrungsangebot abhängt. Die Reviere können bis zu 20 km Uferlänge oder auch nur 2-5 km umfassen. Auf der Suche nach neuen Revieren werden auch Wanderungen über Land gemacht. In Otterrevieren finden sich oft gut getarnte Ausstiege (»Ottersteige«, kleines Foto unten) sowie Kot-, Abfall- und Markierungsstellen. Ihre Baue legen F. in Uferböschungen in vorgefundenen oder selbst gegrabenen Erdhöhlen an, deren Eingänge meist unter Wasser liegen oder Rutschbahnen zum Wasser haben. Die spielfreudigen Tiere schwimmen ausgezeichnet und können bis zu 8 Minuten tauchen.

F. haben keine feste Fortpflanzungszeit. Paarungen finden meist im Wasser statt. Nach 62 Tagen Tragzeit wirft das ♀ meist 2-3, manchmal auch nur 1 oder bis zu 5 Junge im weich ausgepolsterten Wohnkessel. Die Jungen werden blind geboren, nach 35 Tagen öffnen sich ihre Augen. Mit 6 Wochen schwimmen die Jungotter erstmals, insgesamt bleiben sie rund 1 Jahr bei der Mutter.

Wissenswertes: F. wurden früher wegen ihres Fells und als Fischverzehrer erbarmungslos verfolgt. Heute spielen Lebensraumverluste, Verluste im Straßenverkehr, in Fischreusen, durch frei laufende Hunde und illegale Tötungen eine entscheidende Rolle. **RL! §! A**

Ginsterkatze *Genetta genetta*

FAMILIE SCHLEICHKATZEN

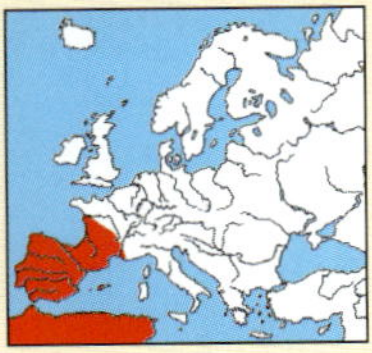

Merkmale: Etwa katzengroß, aber langgestreckter; KRL 40-55 cm, SL 40-50 cm, G 1,2-2,3 kg; kurze Beine; auffällige Fellzeichnung aus in Längsreihen angeordneten schwarzen Flecken auf hellem (grauem) Grund; buschiger Schwanz mit etwa 10 schwarzen Ringen; Krallen kurz, nur teilweise einziehbar.

Verbreitung: In EU vermutlich erstmals von den Sarazenen als Mäusevertilger aus den heutigen Maghreb-Staaten mitgebracht; auf die Iberische Halbinsel, die Balearen und S-Frankreich beschränkt; ferner N-Afrika, ostwärts bis Palästina.

Lebensweise: G. besiedeln in EU Ebenen, Hügelland und Steilhänge mit sicheren Unterschlupfen und wenig menschlichen Beeinträchtigungen. Die sehr beweglichen, gewandt jagenden, kletternden und springenden G. sind standorttreue Einzelgänger oder leben im Familienverband. Das

Territorium wird markiert durch feste Kotplätze, Harn und Analdrüsensekret, das die Tiere im Handstand an senkrechte Objekte reiben. Tagsüber ruhen G. in Verstecken, in der Dämmerung und nachts gehen sie auf Jagd nach Kleintieren bis Hasen- und Hühnergröße, darunter Eidechsen, Schlangen, Fische, Insekten und Spinnen, oder verzehren Eier, Früchte und Aas. Sie lassen leise Stimmfühlungsrufe, Erregungsknurren, Drohfauchen, Schnurren als Wohlfühllaute der Jungen sowie Muckern und Miauen hören. Die 1-4 blinden, behaarten Jungen werden nach 10-12 Wochen Tragzeit geboren. Sie entwickeln eine große Spielfreude und bleiben 1 Jahr bei der Mutter.

Manguste, Ichneumon *Herpestes ichneumon*

FAMILIE SCHLEICHKATZEN

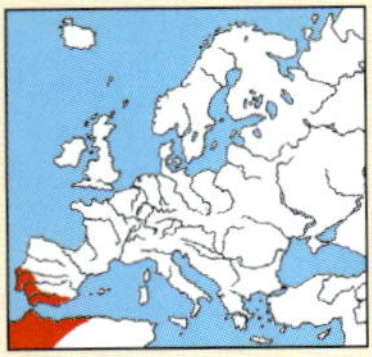

◁ **Indischer Mungo** *H. edwardsi*, ehemals bei Rom ausgesetzt

Merkmale: Mardergroß; KRL 45-65 cm, SL 35-55 cm, G bis 8 kg; stämmiger Körper; Fell dunkel, »Pfeffer-und-Salz-Effekt« durch helle Haarbinden; Schwanz an der Wurzel dick, in dünne Spitze mit auffälligem dunklem Fleck auslaufend.

Verbreitung: In EU einziges natürliches Verbreitungsgebiet im S der Iberischen Halbinsel (mit Ausbreitungstendenz); ferner Afrika, Palästina.

Lebensweise: M. leben weitgehend im Familienverband. Die vorwiegend tagaktiven Tiere besiedeln Gegenden mit dichter mediterraner Macchie sowie Baumbewuchs und Bachtälern. Ihr breites Nahrungsspektrum reicht von kleinen Wirbeltieren, Insekten und Krebstieren bis zu Früchten und Pilzen. Zur Grundnahrung zählen offenbar vor allem junge, noch nesthockende Kaninchen.

Wissenswertes: In Ägypten und bis in die römische Spätzeit wurden M. als Ratten- und Mäusevertilger in menschlichen Siedlungen gehalten.

Ähnlich: **Goldstaubmanguste, Mungo** *Herpestes auropunctatus*, kleiner als die Manguste, Fell olivbraun mit goldbrauner Pünktelung; kommt von Irak über Indien bis Indochina vor, in EU in Dalmatien eingebürgert (1910).

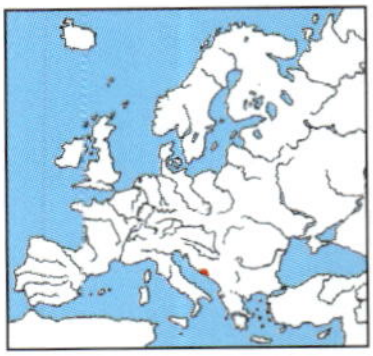

Wildkatze *Felis silvestris*

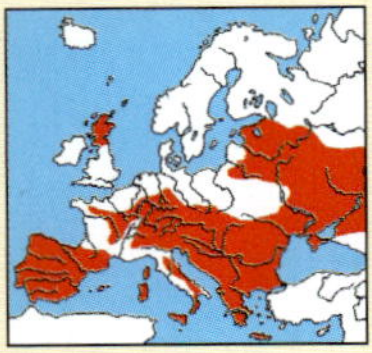

Jungtier

Merkmale: Nur mit verwilderten Hauskatzen verwechselbar; KRL 45-80 cm, SL 30-40 cm, G 3,5-15 kg (♂), 3-10 kg (♀); in M.-EU mit dick buschigem, stumpf endenem Schwanz und schmalem, schwärzlichem Aalstrich auf der Rückenmitte; auf den Mittelmeerinseln sehr ähnlich den Hauskatzen; kräftige Gestalt; Fell langhaarig, weich und dicht, oberseits gelbgrau mit dunkler Tigerung, bauchseits gelblich weiß, an den Flanken meist undeutliche Querstreifen; Schwanz mit mehreren schwarzen Ringen; fleischfarbene Nase, große, gelbgrüne Augen. Sicheres Unterscheidungsmerkmal von der Hauskatze ist das Verhältnis der Gesamtlänge des Schädels zum Volumen des Hirnschädels (bei W. kleiner als 2,75, bei Hauskatze größer) sowie der Index Darmlänge/Körperlänge (bei W. meist unter 2,8, bei Hauskatze über 3,2).

Verbreitung: EU außer Island, Irland, Skandinavien, N-Polen und Baltikum; Afrika, Vorderasien.

Lebensweise: W. bevorzugen als Lebensraum urwüchsige, mit steinigen Halden oder Felsklüften durchsetzte Laub-, v.a. Eichenwälder, Buchen- u. Mischwälder sowie weniger lichte Nadelwälder. Die vorwiegend nachtaktiven Tiere leben außerhalb der Paarungszeit weitgehend einzelgängerisch. Die ♂ (Kuder) nutzen Aktionsräume von 150 bis über 1000 ha, Kätzinnen bewohnen kleinere Reviere, die mit denen der ♂ überlappen können. Das Territorium wird mit Urin und Fußdrüsensekreten markiert. Zur Paarungszeit in I/II werden größere Wanderungen unternommen. Die Kuder sind dabei deutlich aktiver als die ♀ und werden in dieser Zeit häufiger zu Verkehrsopfern oder (unberechtigterweise) erlegt.

Nach rund 66 Tagen Tragzeit wirft die Kätzin in IV/V an einem oberirdischen geschützten Ort 2-5 Junge, die blind und fein behaart geboren werden. Nach 10-12 Tagen öffnen sich ihre Augen. Die Säugezeit kann bis zu 2 Monate dauern, wobei die Jungen ab der 4. oder 5. Lebenswoche von der Mutter mit auf die Jagd geführt werden. Mit 4-5 Monaten sind die Jungen selbstständig und verlassen dann meist die Mutter, um gegen Ende des 1. Jahres geschlechtsreif zu werden.

Wildkatze (unten) und Hauskatze im Größenvergleich

Als Laute lassen W. hören: Miauen (Kontaktaufnahme mit Artgenossen), Knurren und Fauchen (Ärger und Aggressivität), Schnurren (Wohlbefinden), menschenähnl. Schreien (Schmerz), Kreischen und Grollen (Auseinandersetzungen). Zur Paarungszeit geben Kuder einen kreischend-heulenden Imponiergesang von sich. In dieser Zeit kämpfen rivalisierende Kuder auch miteinander.

W. ernähren sich von Kleinsäugern, vor allem Wühlmäusen, in manchen Regionen großteils von Wildkaninchen. Daneben werden Vögel, Reptilien, Amphibien, Wirbellose und Aas, gelegentlich auch Gräser und Früchte aufgenommen.

Wissenswertes: Bejagung und Lebensraumverlust führten in EU zu einem Bestandsrückgang und großflächigen Arealverlust der W., mit einem Tiefststand um die Mitte des 20 Jh. Derzeit findet vielerorts eine Wiederbesiedlung ehemaliger Räume durch lokale Restpopulationen statt. **RL, §! A**

Trittspur

Luchs *Lynx lynx*

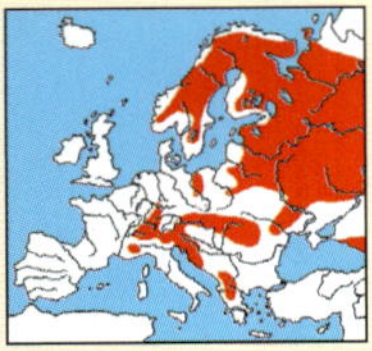

Merkmale: Etwa schäferhundgroß; KRL 80-130 cm, SL 15-25 cm, SH 50-75 cm, G 12-32 kg; hochbeinig; stummelförmiger Schwanz, am Ende gestutzt; spitze, dreieckige Ohren mit ca. 4 cm langen, schwarzen Haarpinseln; Fell fahlgrau bis rotgelb, mehr oder weniger stark gefleckt bis ungefleckt.

Verbreitung: EU, Asien; in vielen Gebieten von W- und M.-EU ausgerottet.

Lebensweise: Der einzelgängerische L. lebt in Wald- und Buschgebieten. Er verhält sich territorial, d.h. er duldet keinen gleichgeschlechtlichen anderen L. in seinem Streifgebiet, das etwa 100 (♀) bis 300 (♂) qkm umfasst, im hohen N bis zum Dreifachen. L. sind daher überall selten.
Der L. ist ein Pirschjäger. Auf Bäume klettert er nur bei Gefahr, nicht jedoch zum Jagen. Er wandert weite Strecken (10-20 km pro Nacht), schleicht sich an seine Beute heran und überrascht sie aus kurzer Entfernung mit wenigen Sprüngen. Rehe und andere große Beutetiere tötet er mit einem Biss in die Kehle durch Erdrosseln. Seine Hauptbeutetiere sind rehgroße Huftiere (Rehe, Gämsen), im N des Verbreitungsgebiets auch Schneehasen und Raufußhühner. Nach einer Tragzeit von 67-74 Tagen kommen

pro Wurf 1-4, selten bis zu 6 Junge zur Welt. Sie werden 4-5 Monate lang gesäugt, bleiben danach bis zum Alter von 1 Jahr bei der Mutter. Dann müssen sie deren Revier verlassen. Mit 1,5-2 Jahren werden Jungluchse geschlechtsreif.

Wissenswertes: Ein Luchs schlägt etwa 1 Reh pro Woche und kehrt regelmäßig zu seiner Beute zurück. Er verzehrt das Muskelfleisch, lässt aber die Eingeweide, das Fell und die großen Knochen mit dem Kopf liegen. Eine Luchspopulation entnimmt ihrem Lebensraum pro Jahr etwa 1 Reh pro qkm. Jäger erlegen die drei- bis fünffache Zahl. Haustiere (Schafe, Ziegen) schlägt der L. nur selten. Für den Menschen ist er ungefährlich.
L. wurden in mehreren Ländern von EU wieder angesiedelt, nicht überall mit Erfolg. Gute Populationen sind in der Schweiz (Jura und Oberland), in Slowenien und in Tschechien (Böhmerwald) entstanden. **RL, §! A**

FAMILIE KATZEN

Pardelluchs *Lynx pardinus*

Merkmale: Gestalt wie der Luchs, etwas kleiner; KRL 75-100 cm, SL 12-13 cm, G bis 18 kg; Färbung kontrastreicher als beim Luchs; Fell lohfarben-ockergelb mit dunkler, kräftiger Fleckung; besonders langer Backenbart.

Verbreitung: Auf Iberische Halbinsel beschränkt, dort in mehreren zersplitterten Teilarealen.

Lebensweise: P. besiedeln bevorzugt Heide, Buschland und mediterrane Trockenwälder mit lichtem Baumbestand. Sie kommen von Meereshöhe bis in etwa 1700 m Höhe in Gebirgen vor.

Hauptnahrung der dämmerungs- u. nachtaktiven Tiere sind Wildkaninchen, doch jagen P. auch Enten, Rothühner, Kleinsäuger sowie Dam- und Rotwildkälber, daneben gelegentlich auch Reptilien und Wirbellose. Die Reviere der Einzelgänger sind zwischen 5-30 qkm groß.

Wissenswertes: Durch Vernichtung ihrer Lebensräume sind P. heute überaus bedroht. **A**

Walross *Odobenus rosmarus*

FAMILIE WALROSSE

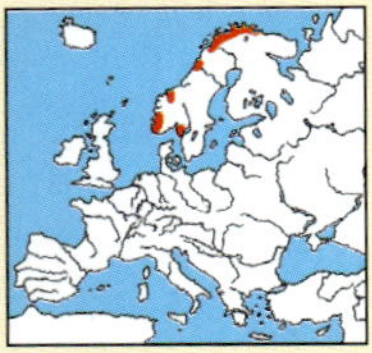

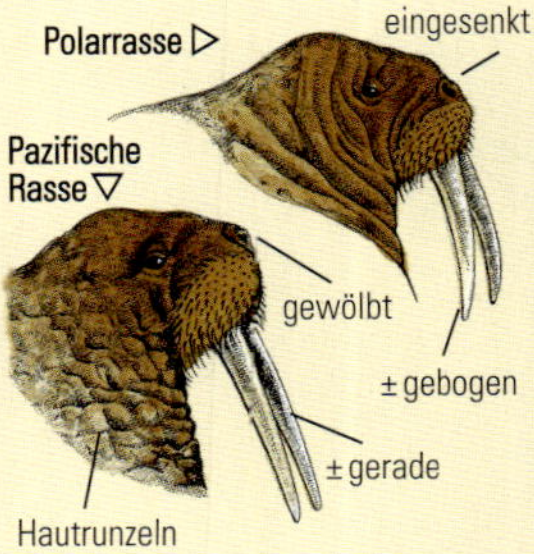

Merkmale: Sehr große, massige, plumpe Tiere; KRL 3-5 m (♂), ca. 3 m (♀), G 1000-2500 kg (♂), ca. 800 kg (♀); dicke Oberlippe mit auffälligem Bart aus steifen Borsten; hauerartig verlängerte obere Eckzähne; wie Hundsrobben ohne äußere Ohrmuscheln; Färbung ein gräuliches Braun mit zimtfarbenem Einschlag, bei alten ♂ blasser; Jungtiere dunkler.

Verbreitung: Auf Treib- und Küsteneis der Polarmeere; in EU an den Küsten Spitzbergens und an der russischen Eismeerküste; gelegentlich in Norwegen und Island, sehr selten in England.

Lebensweise: W. gehören zu den geselligsten Robben. An Land drängen sie sich in großen Massen dicht zusammen. Sie bevorzugen flache Küstengewässer der Arktis mit Packeis, dessen Bewegungen sie folgen. Nach neuesten Erkenntnissen ernähren sich W. von den unterschiedlichsten bodenbewohnenden Wirbellosen u. langsam schwimmenden Fischen, die sie in ihr breites Maul einsaugen, wobei sie sich beim Aufspüren der Beute auf ihren ausgezeichneten Tastsinn verlassen. Ihre Stoßzähne werden weniger, wie früher angenommen, als Werkzeuge eingesetzt, sondern dienen als Waffen und Statussymbol. Daneben nutzen W. ihre Stoßzähne auch, um an steilen Eiskanten aus dem Wasser auf die Scholle zu gelangen. Nach der Paarung im arktischen Winter werden nach 15-16 Monaten Tragzeit meist im V die Jungen geboren, wobei ein ♀ nur alle 2 Jahre ein Junges zur Welt bringt. **B**

Sattelrobbe *Phoca groenlandica*

FAMILIE HUNDSROBBEN

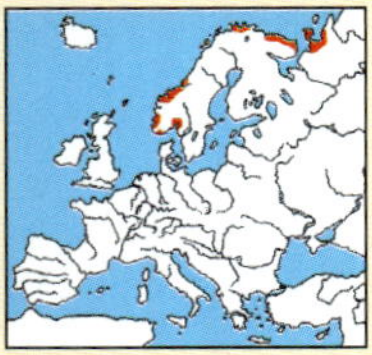

Merkmale: Ähnlich dem Seehund (⇨S.142); ♂ bis 1,90 m lang, G um 135 kg, ♀ bis 1,80 m lang, G bis 120 kg; Fellfärbung sehr variabel; ♂ gelblich weiß bis grauweiß, schwarzer Kopf und sattelförmiger Fleck auf dem Rücken; jüngere ♀ bräunlich schwarz gefleckt, ältere ♀ bräunlich mit kurzem, grauem Sattel. Die Jungen werden mit weißem Wollfell (Lanugo) geboren, sind mit ca. 12 Tagen nach dem 1. Fellwechsel grau, später grauschwarz gefleckt.

Verbreitung: Im arktischen Nordmeer und im Nordatlantik von der Hudson Bay im W bis zum Kap Chelyuskin im O.

Lebensweise: S. bevorzugen die Packeiszone, kommen auf ihren weiten Wanderungen zwischen den Nahrungs-, Paarungs- und Wurfplätzen aber auch in eisfreie Gebiete und können z.B. an den Britischen Inseln und im Nord- u. Ostseeraum beobachtet werden. Die vielseitige Nahrung der besonders guten Schwimmer reicht von den verschiedensten Fischarten bis zu kleineren Krebsen sowie Krabben. Den S. gefährlich werden können Eisbär und Zahnwale. Im III paaren sich die S. im Wasser. Nach einer Tragzeit von 11,5 Monaten (mit 4,5 Monaten Keimruhe) gebären die ♀ in größeren Gesellschaften auf den Packeisfeldern an festen Wurfplätzen ihr Junges, das bei der Geburt etwa 85 cm lang und fast 10 kg schwer ist.

Wissenswertes: Wegen ihrer wertvollen Lanugo werden alljährlich zahlreiche Robbenbabys getötet. Durch Festlegung staatlicher Quoten sind die S. heute zwar nicht mehr bestandsgefährdet, aus Tierschutzgründen ist das »Robbenschlagen« dennoch abzulehnen.

Ringelrobbe *Phoca hispida*

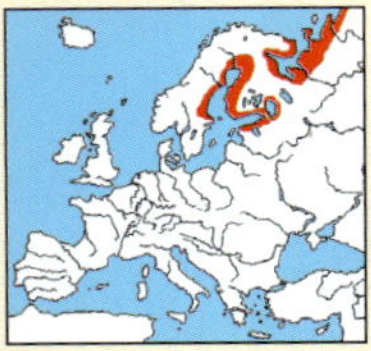

Merkmale: Sehr ähnlich dem Seehund, aber kleiner, gestauchter und plumper; KRL 120-185 cm, G 55-110 kg, ♀ etwas kleiner; Fellfärbung am Rücken dunkelgrau, Unterseite heller silbergrau; auf Rücken und Flanken von helleren Ringen umgebene Flecken; Jungtiere weiß.

Verbreitung: In allen arktischen u. subarktischen Gewässern mit Pack- und Treibeis; an Land nur, wo Eisdecke (wegen Tarnwirkung für weiße Junge).

Lebensweise: Die einzelgängerisch oder in Gruppen lebenden R. benötigen im Eis Atem- und Schlupflöcher, die sie stets frei halten. Durch ihre warme Atemluft vergrößern sie die Löcher, um im Schnee auf dem Eis oder unter Eisschollen eine schützende Höhle anzulegen. Darin gebiert das ♀ nach 9-10 Monaten Tragzeit sein 60-65 cm langes, 4-5 kg schweres Junges, das bis zu 2,5 Monate lang gesäugt wird. Die Schneehöhlen dienen als Schutz vor Eisbären, den Hauptfeinden der R.

Seehund *Phoca vitulina*

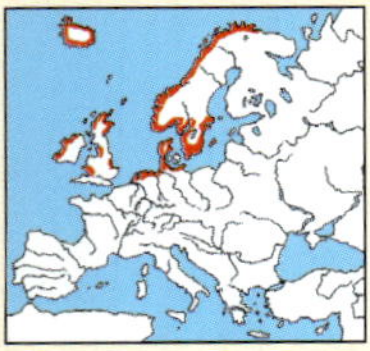

Merkmale: KRL 140-190 cm, G 60-110 kg; ♂ größer u. schwerer als ♀; Gestalt spindelförmig; kleiner Kopf, relativ auffällige Ohröffnungen; kurze Vorderflossen, die oft faustartig eingekrümmt werden; Färbung variabel, von weiß- oder gelblich grau bis dunkelbraun, Rückenseite schwarz gefleckt, Bauch heller u. ungefleckt; Jungtiere ähnlich Alttieren.

Verbreitung: Europäische Atlantikküste (einschließlich Nordsee, in der Ostsee selten) bis Spanien; Küsten N-Amerikas und des N-Pazifiks.

Lebensweise: Am häufigsten sieht man die an Land unbeholfenen S. auf Sandbänken im Watt oder auf Felsstränden ruhen. Gelegentlich schwimmen sie in Flüsse ein (z.B. Elbe). S. jagen viele Fischarten, Kopffüßer, Krebs- und Weichtiere, im Watt v.a. junge Plattfische. Ihre Beute finden sie im Oberflächenwasser wie auf Tauchgängen von bis zu 100 m Tiefe u. 30 Minuten Länge. Oft jagen S. im Verbund und treiben sich dabei die Beute zu. Die fast ausschließlich tagaktiven S. sind weitgehend gebietstreu. Nur jüngere Tiere unternehmen weitere Wanderungen. Außerhalb der Paarungszeit leben S. einzelgängerisch, können aber auch gesellig in größeren Rudeln vorkommen. Die Fortpflanzungszeit liegt zwischen II und IX, Paarungen finden meist im Wasser statt. Bei uns kommen die Jungen zwischen III und VII mit 65-100 cm Länge und einem Geburtsgewicht von 8-12 kg zur Welt. Gelegentlich werden auch Zwillinge geboren. Bei Abwesenheit oder Verlust der Mutter geben die jungen S. einen charakteristischen heulenden Laut von sich, der ihnen ihren Namen »Heuler« einbrachte (kleines Foto unten).

Wissenswertes: Starke Bejagung, Störungen an den Wurfplätzen, ständige Beunruhigungen und Wasserverschmutzung führten zu einem starken Bestandsrückgang. Vom großen Seehundsterben in der Nordsee Ende der 1980er-Jahre, ausgelöst durch eine Immunschwäche, haben sich die Bestände wieder sehr gut erholt. **RL, §!**

Kegelrobbe *Halichoerus grypus*

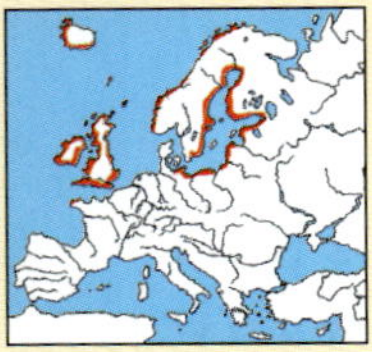

Merkmale: Größer als der Seehund (⇨S.142); KRL 180-230 cm, G 105-310 kg; spindelförmige Gestalt; langer, kegelförmiger Kopf, Schnauze den Unterkiefer überragend; Färbung variabel, erwachsene ♂ meist dunkel mit heller Fleckung, erwachsene ♀ hell mit dunkler Fleckung, besonders helle Tiere fast fleckenlos; Neugeborene mit grauweißem Fell.

Verbreitung: Nordatlantik, Küsten von Island, Großbritannien, Irland, Färöerinseln, Nord- und Ostsee; O-Küste Kanadas; bevorzugt in Meeresteilen mit Klippen sowie Fels- und Geröllküsten.

Lebensweise: Die tagaktiven, sehr scheuen K. leben meist in kleinen Gruppen. Gewöhnlich paaren sich die ♂ mit mehreren ♀ und kämpfen dabei um ihr Fortpflanzungsrecht in Imponier-, selten Beschädigungskämpfen. Die Fortpflanzungszeit reicht von IX-III. Die 11-20 kg schweren und

Jungtier

90-105 cm langen Jungen werden an Land oder auf dem Eis (Ostsee) geboren, nach 4-6 Wochen wechseln sie ihr Babyfell.

Als Laute lassen K. ein lautes, gedehntes Jaulen, daneben ein Schnaufen, Grunzen und Brummen hören. Ihre Nahrung besteht aus einer Vielzahl von Küsten- und Hochseefischen sowie Wirbellosen, die in Tauchtiefen bis zu 130 m und Tauchlängen bis zu 20 Minuten erbeutet werden.

Wissenswertes: K. haben außer dem Schwertwal wenig natürliche Feine. Als Nahrungskonkurrenten (»Fischereischädlinge«) wurden sie heftig bejagt. Heute sind sie v.a. durch die Meeresverschmutzung (Ostsee) bedroht. **RL, §!**

Bartrobbe *Erignathus barbatus*

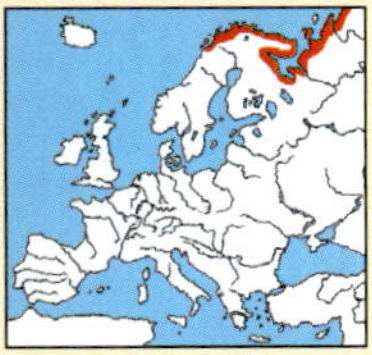

Merkmale: KRL bis zu 250 cm, G (je nach Vorkommen) bis zu 360 kg, ♀ etwas größer als ♂; relativ lang, aufgrund des kleinen Kopfes und der kurzen, breiten Vorderflossen noch länger wirkend; charakteristische lange, farblose Schnurrhaare, im trockenen Zustand an den Spitzen nach innen gebogen; Augen relativ dicht beieinander sitzend; Fellfärbung variabel von hell- bis dunkelgrau und braun, an Rücken und oberen Flanken dunkler; Jungtiere mit dunkelbraunem Wollhaar und hellen Tupfen und Bändern an Kopf und Rücken.

Verbreitung: Rund um den Nordpol in relativ flachen arktischen bis subarktischen Gewässern, meist südlich des 80. Breitengrads.

Lebensweise: B. halten sich oft im Treibeisbereich auf, gehen aber auch an packeisfreien Küsten an Land oder schwimmen in Flüsse ein. Ähnlich dem Walross ernähren sich B. von bodenlebenden Wirbellosen wie Weichtieren, Stachelhäutern (Seegurken), Garnelen oder Krabben, die sie z.T. mit den Vorderflossen aus dem Substrat ausgraben, daneben auch von Fischen, vor allem Grundfischen.

Zur Paarungszeit finden sich die ansonsten meist einzelgängerisch lebenden B. zu kleinen Gruppen zusammen. Während der Fortpflanzungszeit produzieren die ♂ unter Wasser »singende« Töne. Auf Eisschollen halten B. deutliche Abstände zu anderen Robben und bleiben meist dicht an der Wasserlinie. Im III-V werden die ca. 1,30 m langen und 40-50 kg schweren Jungen auf dem Packeis geboren und rund 2 Wochen lang gesäugt. Die ♂ sind mit 6-7 Jahren, die ♀ mit 5-6 Jahren geschlechtsreif. Zusammen mit den Mönchsrobben haben B. – im Gegensatz zu den übrigen Hundsrobben – 4 Zitzen, die sie einziehen können.

Wissenswertes: Der Gesamtbestand der B. wird derzeit auf 600000 bis 1 Million Tiere geschätzt. Natürliche Feinde sind Eisbär und Schwertwal. Von Menschen wurden B. schon in vorgeschichtlicher Zeit gejagt. Heute sind sie immer noch für die Eskimos lebenswichtig.

Mönchsrobbe *Monachus monachus*

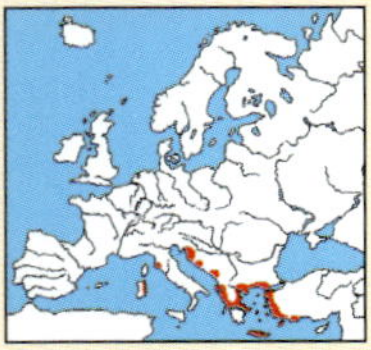

Merkmale: KRL 230-340 cm, G 280-320 kg, ♂ kleiner als ♀; relativ kleiner, flacher Kopf; Fellfärbung oberseits dunkelbraun, unterseits blasser, hellere Bereiche an Kopf und Nacken, einige Tiere mit weißem Bauch, Farbübergänge fließend oder scharf, manche Exemplare auch nahezu schwarz und silbergrau; Jungtiere mit schwarzem Wollhaar.

Verbreitung: Mittelmeer mit Schwerpunkten Ägäis und Adria sowie südwestliches Schwarzes Meer; auch Atlantikküste NW-Afrikas; heute nur noch in kleinen Restpopulationen.

Lebensweise: M. sind sehr scheu und meiden menschliche Kontakte. Sie halten sich an ungestörten Sand- und Felsküsten mit Klippen und Grotten auf. Höhlen und Felsüberhänge, die von Land unzugänglich sind und z.T. nur tauchend erreicht werden können, gehören zu den bevorzugten Aufenthaltsorten der meist ortstreuen M., die einzeln oder in kleinen Gruppen leben. Sie ernähren sich hauptsächlich von Fischen, daneben auch von Tintenfischen.

Während M. im Wasser geselliger sind, zählen sie an Land zu den am wenigsten sozialen Robbenarten. Paarungen finden offenbar im Wasser statt. Nach 12-monatiger Tragzeit werden die Jungen an Land in Höhlen geboren, meist zwischen V und XI. Sie wiegen 15-26 kg und sind 80-120 cm lang. Mit 4-6 Wochen findet der erste Fellwechsel statt, die Säugezeit beträgt 4 Wochen.

Wissenswertes: Die Bestände der M. sind extrem gefährdet. Die Aufspaltung in Kleinstpopulationen führt zwangsläufig zu genetischer Verarmung. Trotz umfangreicher Schutzprogramme, u.a. mit Ausweisung von Meeresnationalparks, ist es ungewiss, ob die Art die hohe Belastung und Überfischung ihres Lebensraums sowie die Störungen ihrer Fortpflanzungsgebiete infolge des ausufernden Tourismus überlebt. **A**

Klappmütze *Cystophora cristata*

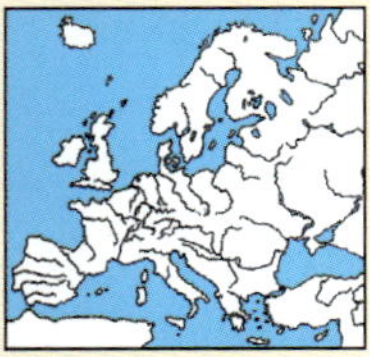

Jungtier

Merkmale: Große, kräftige Robbe; KRL 200-260 cm, G 145-400 kg, ♂ größer und schwerer als ♀; die leicht nach unten gerichtete Nase bei ♀ und Jungtieren das Maul überragend, bei erwachsenen ♂ Nase zu einer schwarzen Blase umgebildet, die erschlafft wie ein kurzer Elefantenrüssel über den Mundspalt hängt, im aufgeblasenen Zustand den Tieren wie eine Mütze auf dem Kopf sitzt. Die rote Nasenscheidewand kann durch ein Nasenloch ballonartig herausgeblasen werden, wobei der »Ballon« fast Kopfgröße erreicht (Zeichnung). Fell silbergrau mit unregelmäßiger, individuell unterschiedlicher dunkler Fleckung, Kopf schwarz; Neugeborene silbergrau mit dunklem Rücken.

Verbreitung: Arktischer Nordatlantik und atlantischer Teil des nördl. Eismeers; weitgehend an Packeis und dessen Schwankungen gebunden; z.T. ausgedehnte Wanderungen bis Portugal oder Florida.

Lebensweise: Wichtige Fortpflanzungsgebiete der K. sind Treibeisbereiche im offenen Meer vor Grönland, Island und Neufundland. Von III-IV werden die 85-115 cm langen und 20-30 kg schweren Jungen auf dem Packeis geboren und nur 4 Tage (!) von den Müttern gesäugt. Damit haben K. die kürzeste Säugezeit aller Robbenarten. Die ♀ leben einzelgängerisch und sind in der Zeit um die Geburt recht aggressiv. Die ♂ besuchen die Mütter auf dem Eis, drohen dann den anderen ♂ durch Aufblasen der Haube und Ausstülpen der Nasenscheidewand. Dazu brüllen sie, wobei Haube und roter »Ballon« als Lautverstärker wirken. Hauptnahrung der K. sind Kopffüßer und Hochseefische.

Ordnung Unpaarhufer

Die Unpaarhufer umfassen die 3 Familien Pferde, Tapire und Nashörner mit insgesamt 15 Arten. Bei allen ist die Mittelzehe am stärksten ausgeprägt. Die größte Familie bilden die Pferde mit 6 Arten und den Haustierformen Hauspferd und Hausesel in vielen Rassen.
Als Steppenbewohner können alle Wildformen der Pferde schnell laufen. Ihre schlanken, hohen Beine enden in einer einzigen stark vergrößerten, hufumkleideten Zehe (Einhufer). Die kleinen Überreste der 2. und 4. Mittelhandknochen heißen Griffelbeine. Pferde bevorzugen offene Landschaften und ernähren sich von Gräsern, Kräutern, Blättern und Rinde. Sie leben in dauerhaften Familienverbänden. Starke Hengste können auch großräumige Paarungsterritorien bilden. Die »Urpferdchen« aus dem Frühtertiär Nordamerikas und Europas waren Wald bewohnende, nur katzen- bis fuchsgroße Unpaarhufer mit vierfingrigen und dreizehigen Gliedmaßen, die eher an Ducker oder Zwerghirsche als an ihre heutigen Nachfahren erinnern. Gut erhaltene Fossilien aus der Ölschiefergrube Messel bei Darmstadt belegen, dass ihre Nahrung aus Früchten und Blättern bestand.

Przewalski-Pferde

Urwildpferd *Equus przewalskii*

FAMILIE PFERDE

Urwildpferde vom Typ des Przewalski-Pferds sind die Ahnen unserer Hauspferde. Sie waren einst weit über die flacheren Gebiete Eurasiens verbreitet, von EU bis zur Mongolei. Dank ihrer Anpassungsfähigkeit bewohnten sie noch während der Würmeiszeit (ca. 50000-8000 v. Chr.) in verschiedenen Unterarten Tundren, Steppen und Wälder. Das Hauspferd *(Equus przewalskii* f. *caballus)* ist vermutlich aus allen 3 Unterarten des U. hervorgegangen, dem Wald-, dem Steppentarpan und dem eigentlichen Przewalski-Pferd. Dank Erhaltungszucht in Zoologischen Gärten und Wiedereinbürgerung in den ursprünglichen Lebensraum, die mongolische Steppe, existiert das Przewalski-Pferd heute noch. Eine gedrungene Gestalt, relativ kurze Beine, eine Stehmähne und ein dunkler Aalstrich auf dem Rücken sind die charakteristischen Merkmale dieses Wildpferds, das im Winterfell einen markanten Kinn- und Backenbart ausbildet und dessen Schweif im oberen Drittel bürstenartig kurz behaart bleibt. Stehmähnen sind Merkmale aller heute noch lebenden wilden Einhufer (auch Halbesel, Wildesel und Zebras), die Hängemähne der Hauspferde wurde daher oft als Domestikationsmerkmal angesehen. Wahrscheinlich hatten aber schon die beiden westlichen, heute ausgestorbenen Wildpferdunterarten eine Hängemähne als Anpassung an relativ niederschlagsreiche Lebensräume. Als wichtigste Stammform des Hauspferds gilt der im 19. Jh. ausgestorbene, mausgraue osteurop. Steppentarpan *E. p. gmelini* (Foto rechts: »Rückzüchtung« aus versch. Hauspferde-Rassen). **RL!**

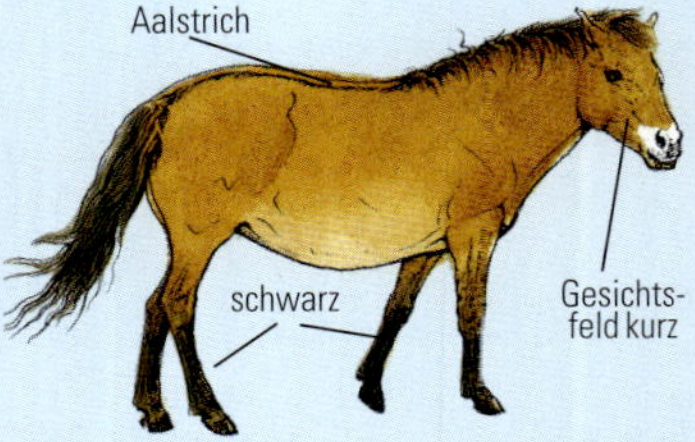

Esel *Equus asinus*

FAMILIE PFERDE

Als Haustier ist der E. älter als das Pferd, mit frühesten Nachweisen aus der Zeit um 3100 v. Chr. in der mesopotamischen Stadt Uruk Warka. Durch züchterische Auswahl entstanden aus der grauen Wildeselform schwarze, weiße und gescheckte Varianten. Die Größe variiert ähnlich dem Hauspferd. Die zierlichste Form stellt der ceylonesische Zwergesel dar, die französischen Poitou-Riesenesel dagegen erreichen Pferdegröße.

Als Stammform der heutigen Hausesel gilt der Nubische Wildesel *Equus asinus africanus.* Vom Pferd und den Halbeseln unterscheiden sich die afrikanischen Wildesel vor allem durch die Länge der Ohrmuscheln, die die Hälfte der Kopflänge betragen können, durch ihre graue Fellfarbe mit dunklem Schulter- und Rückenstreifen und durch ihren Quastenschwanz.

Wildesel gab es einstmals in weiten Teilen N-Afrikas. Bis zu Beginn der Domestikation hing der Lebensraum der mindestens 3 Unterarten weitgehend zusammen. Der Nordwestafrikanische Wildesel oder Atlas-Wildesel wurde bereits im ersten vorchristlichen Jahrtausend ausgerottet. Vom Nubischen ebenso wie vom Somali-Wildesel existieren heute nur noch sehr kleine, äußerst bedrohte Bestände. Ersterer zeichnet sich durch ein Schulterkreuz, zweiterer (siehe Foto) durch eine zebraartige Beinstreifung aus.

Besonders im Mittelmeerraum wurden Hausesel in vielfältiger Weise eingesetzt: Zum Dreschen, Betreiben von Wasserrädern, als Reit- und Lasttiere. Nach N-EU kamen Hausesel erst im Mittelalter, wurden aber nördlich des Alpenhauptkammes (bis auf Irland) nie recht heimisch.

Bis zur Mechanisierung der Landwirtschaft lag die wirtschaftliche Bedeutung des Hausesels vor allem in der Maultierzucht. Maultiere entstehen durch Kreuzung von Pferdestuten mit Eselhengsten. Das umgekehrte Kreuzungsprodukt wird als Maulesel bezeichnet. Weil die Chromosomenzahl von Pferden und Eseln nicht übereinstimmt, sind Maultiere im Allgemeinen unfruchtbar. Wegen ihrer Kraft und Ausdauer sowie dem weichen, gleichmäßigen Passgang waren Maultiere insbesondere in Gebirgsgegenden hochgeschätzte Arbeits- und Reittiere.

Ordnung Paarhufer

Wichtigstes gemeinsames Merkmal: die jeweils 3. und 4. Finger- bzw. Zehenstrahlen tragen das Körpergewicht. Nur Flusspferde haben auch den 2. und 5. Strahl gut ausgebildet, während diese bei den anderen Paarhufern deutlich schwächer sind, hinter den Klauen als Afterklauen liegen oder bei Giraffen und Kamelen völlig fehlen. Die Kopfwaffen der Paarhufer in Form von Geweihen, Hörnern oder hauerartigen Zähnen können bei beiden Geschlechtern oder nur bei Männchen vorhanden sein. Sie werden vor allem während der ritualisierten Rangordnungskämpfe eingesetzt. Paarhufer umfassen die Unterordnungen Nichtwiederkäuer mit 3 Familien (in Europa nur die Schweine), die Unterordnung Schwielensohler mit den Kamelen und die Unterordnung Wiederkäuer mit 5 Familien, darunter die europäischen Vertreter der Familien Hirsche und Hornträger.
Die weltweit über 160 Arten der Paarhufer kommen außer in Australien, Neuseeland und Neuguinea in allen Klimazonen vor. Sie fressen Gras, Blätter, Zweige, Früchte, Wurzeln, Moose, Flechten und Pilze, selten auch tierische Beikost (Schweine und Hirsche).

Steinbock

Wildschwein *Sus scrofa*

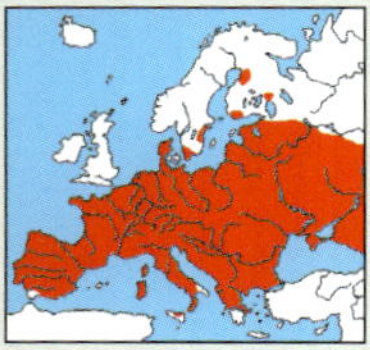

Merkmale: KRL 110-180 cm, SL 15-25 cm, SH 60-115 cm, G 50-350 kg; schwarz- bis graubraunes, borstiges Fell mit langen Grannen und dichter Unterwolle, im Winter Haare länger und dunkler; ♂ (Keiler) mit kräftigen, dreikantigen, äußerlich sichtbaren Eckzähnen im Unterkiefer.

Verbreitung: Eurasien bis Indien, Japan, N-Afrika (in 18 Unterarten).

Lebensweise: W. leben in Laub- und Mischwäldern mit Sümpfen, in Schilfgebieten und anderen deckungsreichen Landschaften; zur Nahrungsaufnahme ziehen die tag- und nachtaktiven Allesfresser auch auf Felder. ♀ (Bachen) und Jungtiere (Frischlinge bzw. Überläufer) leben in Familienverbänden (Rotten) mit bis zu 50 Tieren unter Führung des ältesten ♀. Männliche Tiere werden ab 1½ Jahren nicht mehr geduldet und leben dann als Einzelgänger. Zur Geburt, oft schon im II/III, baut das ♀ ein großes Nest aus dürrem Gras, Farnkraut und Zweigen. Nach 112-130 Tagen Tragzeit kommen pro Wurf meist 4-8, gelegentlich bis zu 13 Junge zur Welt, die zunächst noch recht kälteempfindlich sind. Sie werden 3-4 Monate gesäugt.

Wissenswertes: W. haben sich in den letzten Jahrzehnten enorm vermehrt. Im Jahr 1999 wurden in D über 400000 W. erlegt, viermal so viele wie 20 Jahre davor. Ursachen für die starke Vermehrung sind großflächiger Maisanbau und mehrere Eichen- und Buchenmastjahre in rascher Folge (hochwertige Nahrung), schneearme Winter und nachlässige Bejagung. W. leben heute in unmittelbarer Stadtnähe (z.B. Berlin) und nutzen Müll und Abfälle. Die Schweinepest, eine Viruserkrankung, kann Wildschweinpopulationen drastisch dezimieren, aber ihre hohe Vermehrungsrate gleicht Verluste rasch aus. Eine W.-Population ohne Jagd und Beutegreifer kann sich theoretisch in 4 Jahren verzehnfachen. **§!**

Foto oben: Aufmerksames Sichern. Unten: Zu allen Jahreszeiten suhlen sich Wildschweine gern im Schlamm.

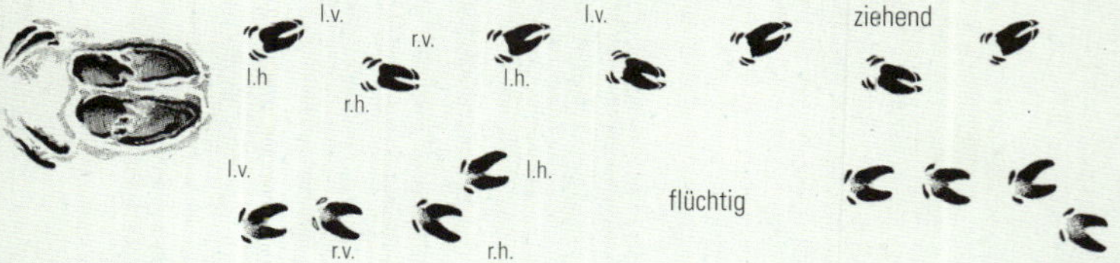

Muntjak *Muntiacus reevesi*

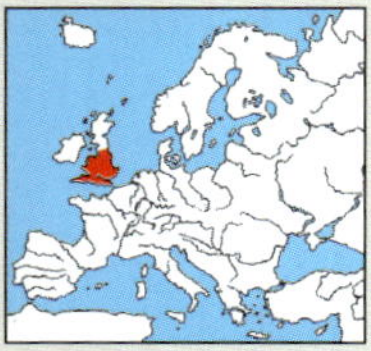

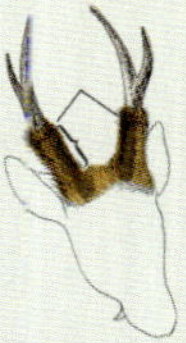

Geweih kurz, gegabelt, hohe Rosenstöcke

Merkmale: Etwa fuchsgroßer, hinten leicht überbauter Kleinhirsch; KRL 70-90 cm, SH 40-50 cm, SL 12 cm, G 12-22 kg, ♂ größer u. schwerer als ♀; Fell von gelblich oder fuchsrot bis dunkelbraun, Kehle, Kinn und Schwanzunterseite weiß; Jungtiere braun mit gelblichen Flecken; ♂ außer im Frühsommer mit kurzem, nach rückwärts gerichtetem Geweih auf hohen Rosenstöcken und hauerartigen Eckzähnen im Oberkiefer, die aber kürzer sind als beim ähnlichen Chin. Wasserreh (⇨S.187).

Verbreitung: Beheimatet in S-China und Taiwan; in EU in England erfolgreich eingebürgert.

Lebensweise: Die scheuen einzeln, paarweise oder im Familienverband lebenden M. bewohnen unterholzreiche Waldgebiete. Zur Brunftzeit in I/II markieren die ♂ ihre Reviere durch Reiben der Voraugendrüsen an Gehölzen. Im Spätsommer gebären die ♀ 1-2 Junge, die sie etwa 3 Monate säugen. M. nehmen Blätter, Früchte, Gräser u. Samen (u.a. Bucheckern, Eicheln) auf. Bei Erschrecken geben sie bellende, schrille Laute von sich.

Wissenswertes: Der Reeves oder Chinesische Muntjak *(M. reevesi)* ist dem Indischen M. *(M. muntjak)* sehr ähnlich. In England wurde der Reeves M. im Woburn Park in Bedfordshire eingeführt, breitete sich von hier seit 1947 beträchtlich aus und bastardierte mit dem schon früher ausgesetzten Indischen Muntjak. In Frankreich hingegen misslang die Einbürgerung des M.

Axishirsch *Axis axis*

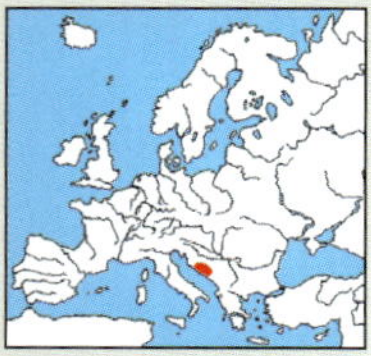

Geweih in der Regel sechsendig

Merkmale: Größe und Gestalt ähnlich dem Damhirsch (⇨S.158); KRL 110-140 cm, SL 20-30 cm, SH 75-95 cm, G 75-100 kg; Fell gelblich bis rötlich braun, in jedem Alter mit weißen Tupfenreihen, auf dem Rücken typischer dunkler Mittelstrich, Bauchseite, Kehle und schmaler Spiegel weiß; relativ langer Schwanz; ♂ mit bis zu 75 cm langen, dünnen Geweihstangen, mit zumeist 3 Enden je Stange, ohne Schaufel- oder Kronenbildung.

Verbreitung: Beheimatet in Vorderindien und Sri Lanka; in vielen Teilen der Welt eingebürgert: Andamanen, Australien, Hawaii, Texas, S-Amerika; in EU nur in Istrien (Brijuni-Inseln), wo die Art 1916 als Park- und Jagdwild eingeführt wurde.

Lebensweise: A. leben in ihrem natürlichen Verbreitungsgebiet oft in Großgruppen in laubwerfenden Monsunwäldern und Parklandschaften. Sie ernähren sich dort von Laub, Früchten und Gräsern. Tiger, Leopard, Schabrackenschakal, Rothund, Indischer Wolf, Python und Krokodile zählen zu ihren Feinden. Entsprechend der tropischen Heimat fehlt dem A. eine ausgeprägte Jahresrhythmik. Die Tiere haben auch in EU keine feste Brunftzeit. Während der Brunft lassen die oft einzelgängerisch lebenden alten ♂ ein lautes Bellen und Schreien hören. Das Geweih kann im Laufe des ganzen Jahres abgeworfen werden. Auch die Geburten liegen jahreszeitlich nicht fest. Nach rund 7 Monaten Tragzeit bringen die ♀ 1-2 Junge zur Welt, die ein gutes halbes Jahr gesäugt werden und mit 8-12 Monaten geschlechtsreif sind. *Ähnliche Art:* ⇨S.187.

Damhirsch *Dama dama*

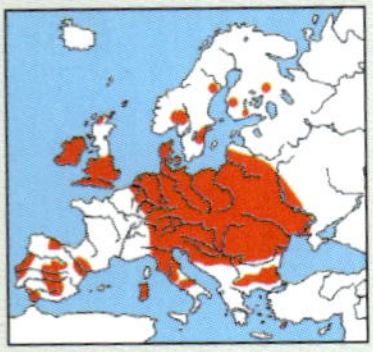

Merkmale: Kleiner als ein Rothirsch; KRL 130-230 cm, SL 15-20 cm, SH 85-110 cm, G 45-150 kg; ♂ größer und schwerer als ♀; ♂ mit Schaufelgeweih (ab 2. Jahr), Geweihabwurf IV/V; Sommerfell rotbraun mit weißen Flecken, Winterfell dunkler, schwächer gefleckt; Schwanz oberseits mit dunklem Mittelstreifen, unterseits weiß; weißer, oben schwarz gerandeter Spiegel; grauschwarze, weiße und isabellfarbene Farbvarianten.

Verbreitung: Einst in Mittelmeerländern u. Vorderasien, in EU schon im Altertum ausgerottet, einige ursprüngl. Bestände nur noch im S Kleinasiens; seit dem Mittelalter in EU wieder eingebürgert, heute frei lebende Bestände in vielen Ländern; auch in Amerika, S-Afrika u. Neuseeland ausgesetzt.

Lebensweise: Die vorwiegend dämmerungs- und tagaktiven D. bevorzugen Mischwälder der Ebenen und Mittelgebirge. Im Winter leben ♂ und ♀ in großen Rudeln zusammen, im Frühjahr trennen sie sich. Während der Brunft (X-XI) kämpfen die ♂ um ♀-Rudel und schlagen mit dem Geweih an bestimmten Plätzen Erdgruben **§!**

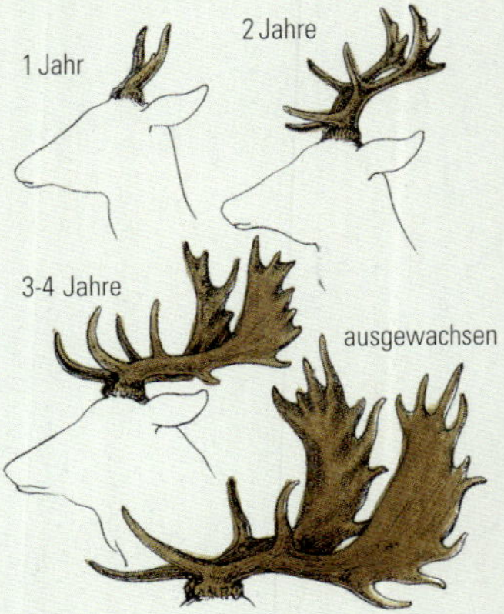

Sikahirsch *Cervus nippon*

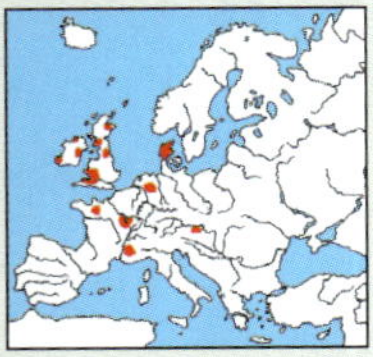

Merkmale: Gedrungene Gestalt; KRL 105-150 cm, SH 80-110 cm, G 25-110 kg, Körpermasse der Unterarten stark variierend; ♂ mit verhältnismäßig kleines Geweih, bis zu 4 Enden je Stange (nach vorn gerichteter Augenspross, Mittelspross und gegabelte Spitze); Körperfärbung im Sommer rötlich hellbraun mit deutlich sichtbaren Flecken auch bei den erwachsenen Tieren; im Winter Fleckenzeichnung zurücktretend, Haare dann länger und dunkler, manchmal fast schwarz.

Verbreitung: O-Asien; soweit bekannt, stammen die in W-, M.- und O-EU eingeführten Tiere aus Japan; auch in Aserbaidschan, Australien, Neuseeland und Madagaskar eingeführt.

Lebensweise: S. kommen in Laub- und Mischwäldern sowie Parklandschaften vor. Ähnlich dem Rothirsch leben die tag- und nachtaktiven Tiere im Sommer getrennt in ♂-Rudeln und ♀-Rudeln mit Jungen, im Winter mischen sie sich. S. sind schnelle, aber wenig ausdauernde Läufer. Zur Brunftzeit zwischen IX-XII bilden die ♂ Harems mit bis zu 7 ♀. Nach einer Tragzeit von 7½ Monaten werden 1, selten auch 2 Junge geboren, die mit 4-6 Monaten entwöhnt werden und mit 18-24 Monaten geschlechtsreif sind.

Bei Beunruhigung lassen S. schrille Warnschreie hören, die Brunftrufe des ♂ sind ein in Knören mündendes schrilles Quietschen. S. ernähren sich von Laub und Gras, suchen ihre Ruheplätze in Dickungen und suhlen sich gern. In Irland bastardieren S. mit Rothirschen.

Rothirsch *Cervus elaphus*

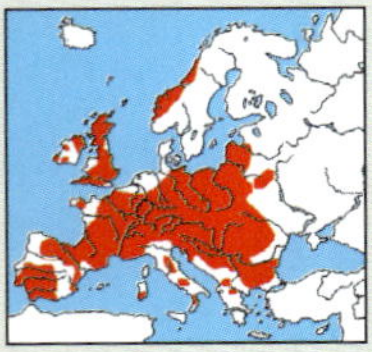

Frühjahrslosung

Geweihentwicklung im Jahreslauf

Merkmale: Größte Art der Gattung mit vielen Unterarten; KRL 165-250 cm, SL 12-15 cm, SH 120-150 cm, G 100-220 kg (♂), 70-150 kg (♀); ♂ mit starkem Stangengeweih, ♀ geweihlos; Fell im Sommer rötlich bis zimtbraun, im Winter graubraun; Schwanzumgebung gelblich (»Spiegel«), ♂ im Herbst/Winter mit Halsmähne; Jungtiere mit Längsreihen heller Flecken.

Verbreitung: Zahlreiche Einzelpopulationen in EU (außer Island und gr. Teilen Skandinaviens); Unterarten in Asien (Maral), N-Amerika (Wapiti), N-Afrika.

Lebensweise: Der R. lebt in Waldgebieten mit Freiflächen, im Sommer bis hinauf zur Mattenregion, auch in waldlosem Heide-Hochland. Er ist ein tag- und nachtaktiver Pflanzenfresser, der täglich zwischen Deckungs- und Äsungsflächen, saisonal zwischen Sommer- und Wintereinständen wechselt. Die Hirschkühe bilden mit den Jungtieren Rudel, männliche R. schließen sich im Sommer oft zu Gruppen zusammen, im IX wandern sie einzeln zu den Brunftplätzen. Ältere Hirsche (etwa ab 6 Jahre) erobern einen Harem und verteidigen diesen mit dröhnendem Brunftgeschrei (Röhren) gegen Rivalen. Die Auseinandersetzungen sind stark ritualisiert, sodass sich Verletzungen in Grenzen halten.

Im späten Winter verlieren die Hirsche ihr Geweih und bilden innerhalb von 100 Tagen ein neues. Wenn es fertig ausgewachsen ist (VIII), wird die Blut führende, nun aber abgetrocknete Basthaut abgestreift (gefegt). In der geweihlosen Zeit tragen Hirsche ihre Streitigkeiten auf den Hinterläufen stehend aus, wobei sie mit den Eckzähnen im Oberkiefer drohen. Diese sind stark zurückgebildet, doch ist die Drohgeste aus dem Verhaltensrepertoire des R. noch nicht verschwunden. Weibliche Tiere drohen ebenfalls mit den Eckzähnen, benutzen sie sogar zum Zuschlagen. Im V/VI werden nach einer Tragzeit von 33-34 Wochen die Kälber geboren. Sie trinken 5 Monate lang bei der Mutter, mit ca. 1½ Jahren werden sie geschlechtsreif.

Wissenswertes: In der modernen Forstwirtschaft stellt der R. ein Problem dar. Er zieht mit den Schneidezähnen die Rinde von jungen Bäumen und kann durch dieses »Schälen« große Wertverluste verursachen, besonders in monotonen, gleichaltrigen Fichten- und Kiefernforsten. Überhege (zu viel Wild), falsche Winterfütterung (mit energiereichem Kraftfutter) und eine einseitig auf Nadelholz ausgerichtete Forstwirtschaft tragen zu den Schälschäden einen gut Teil bei. **§!**

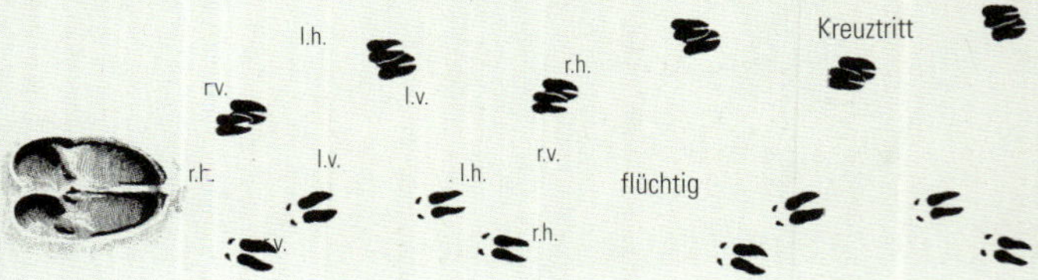

Elch *Alces alces*

FAMILIE HIRSCHE

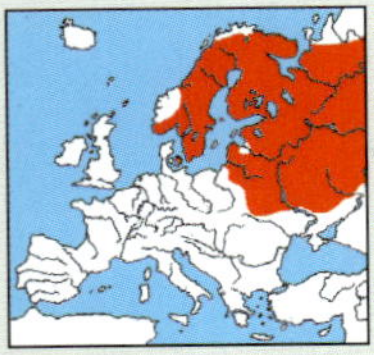

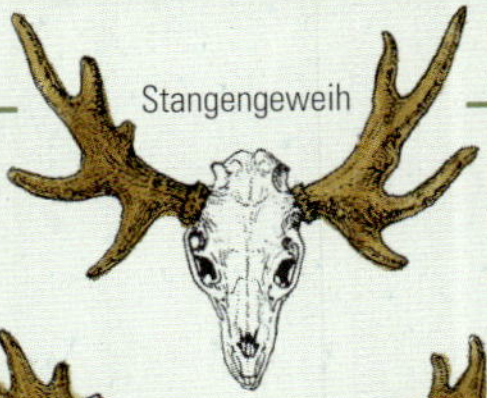

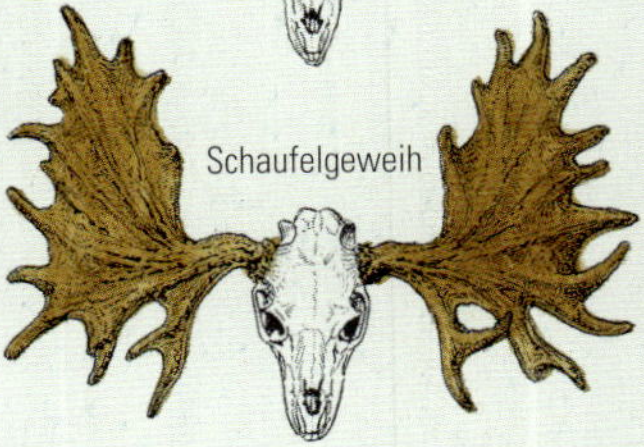

Merkmale: Größte Hirschart; KRL 200-310 cm, SL ca. 5 cm, SH 150-230 cm, G 270-800 kg; langbeinig, breite, überhängende Oberlippe (Muffel), große Ohren; nur ♂ mit Geweih, bei jüngeren Tieren stangen-, bei alten meist schaufelförmig (bis zu 2 m breit und 20 kg schwer).

Verbreitung: Skandinavien, NO-EU, Sibirien, ferner Kanada und Alaska.

Lebensweise: Der E. ist ein Bewohner der Taiga, aber auch von Laubmischwäldern, im Sommer ebenso der Bergtundra. Seine Nahrung besteht vor allem aus Laub, jungen Kiefertrieben sowie Wasser- und Sumpfpflanzen. Im Grunde sind E. Einzelgänger, nur im Winter schließen sie sich auch zu kleinen Rudeln unter ♀-Führung zusammen. Die südliche Verbreitungsgrenze des E. ist durch die Temperatur bestimmt. Durch seine große Körpermasse ist der E. gut an Kälte, aber schlecht an Wärme angepasst. Im Winter wird es ihm bei 5 °C, im Sommer bei 14-16 °C zu warm. Dies erklärt seine Vorliebe für Wasser. Hier findet er zu allen Jahreszeiten Kühlung. **RL! §!**

Ren *Rangifer tarandus*

FAMILIE HIRSCHE

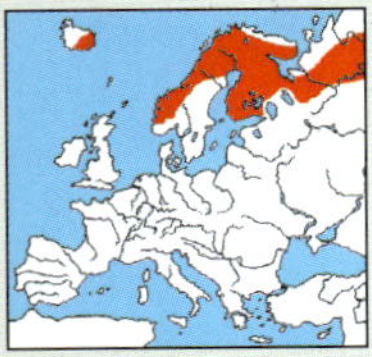

Merkmale: Einzige Hirschart, bei der auch ♀ ein Geweih tragen, das jedoch schwächer als dasjenige der ♂ ist; KRL 120-220 cm, SL 7-18 cm, SH 80-140 cm; G 120-220 kg, ♂ größer und schwerer als ♀, besonders große Tiere in O-Sibirien u. N-Amerika; Hausren kleiner als die Wildform; dichtes Fell mit Unterwolle, Winterkleid heller, oft grau, im hohen N fast weiß; domestizierte Tiere auch gescheckt; Jungtiere einfarbig ockergelb; asymmetrische Geweihstangen, eine der Augsprossen nach innen gerichtet; Geweihabwurf der ♂ im Winter, der ♀ nach dem Setzen der Kälber im Frühjahr; sehr große Hufe, Knackgeräusche beim Gehen.

Verbreitung: Arktis und Subarktis der Alten und Neuen Welt; in EU in S-Norwegen, Mittelfinnland an der russischen Grenze und im N Russlands.

Lebensweise: R. bewohnen als ausdauernde u. schnelle Läufer die Tundra, Taiga u. subalpinen Gebiete, aber auch dichte, feuchte Nadelwälder sowohl im Tief- wie im Bergland. Die geselligen, vorwiegend tagaktiven Tiere bilden große Herden u. unternehmen weite Wanderungen. Nur ältere ♂ finden sich oft in kleinen Rudeln zusammen oder sind als Einzelgänger unterwegs. Die vielseitige Nahrung besteht aus Kräutern, Gräsern, Flechten, Zweigen, Knospen, Blättern, Beeren u. Moosen. Während der Paarungszeit von IX-X bildet ein ♂ einen Harem mit 20 und mehr ♀. Das im V oder VI geborene Junge kann nach 1-2 Tagen schon mit der Mutter mitlaufen u. -schwimmen.

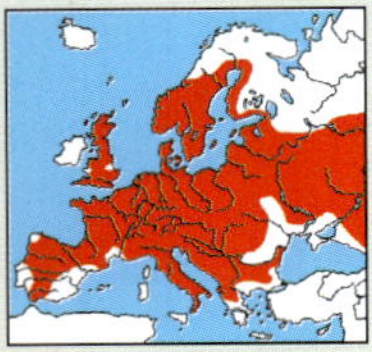

Merkmale: Kleinste in EU ursprünglich heimische Hirschart; KRL 95-135 cm, SL 1-2 cm, SH 60-90 cm, G 15-35 kg; ♂ mit bis ca. 30 cm langem Geweih mit meist 6 Enden; Sommerfell rotbraun, Winterfell graubraun mit weißer Analregion (»Spiegel«).

Verbreitung: EU mit Ausnahme von Island, Irland, dem hohen N und einigen Mittelmeergebieten.

Lebensweise: Wenngleich typische Waldrandbewohner, sind R. doch in fast allen Landlebensräumen bis zur Waldgrenze anzutreffen. Sie leben einzeln (Böcke) oder in kleinen Familiengruppen, im großflächigen Agrarland (Polen) im Winter auch in großen Rudeln (100 Tiere und mehr).

Männliche R. (Böcke) besetzen im Frühjahr ein Territorium (20-70 ha), markieren es mit dem Sekret einer Stirndrüse sowie durch Scharren am Boden (dem sog. Plätzen) und Blankschaben von Zweigen und Stämmchen (Fegen) und vertreiben jeden anderen Bock. In der Brunft treibt der Bock die Ricke (weibl. Reh) längere Zeit, oft mehrere Stunden, in immer engeren Kreisen und Schleifen. Dadurch entstehen charakteristische Spuren im Gras oder Getreide, die sog. Hexenringe. Beginn, Tempo und Ende des Treibens werden von der Ricke bestimmt. Von ihr ist dabei ein Fiepen zu hören, vom Bock ein lautes Keuchen. Durch das Treiben wird der Eisprung ausgelöst. Nach der Befruchtung (VII/VIII) macht das Ei nur wenige Zellteilungen durch. Erst Ende XII wächst der Embryo. Mit dieser Keimruhe hat das R. die beiden Energie zehrenden Lebensabschnitte Brunft und Setzzeit in nahrungsreiche, schneelose Monate gelegt. Nach einer Gesamttragzeit von 9-10 Monaten kommen 1-2, selten auch 3 Junge zur Welt, die rund 3 Monate lang gesäugt werden.

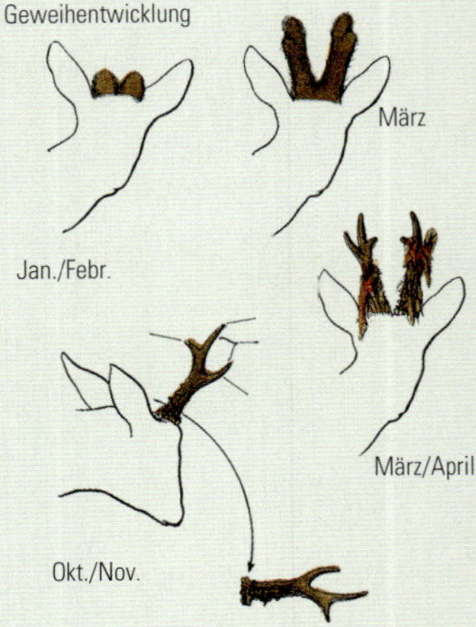

R. sind auf hochwertige Nahrung angewiesen, das sind Kräuter und Knospen. Sie beißen gern Laubholz- und Tannenknospen ab, reduzieren so das Aufkommen von Laubbäumen und Tannen im Jungwald und tragen zur »Verfichtung« der Wälder bei. **§!**

Ähnliche Art: ➪S.187.

Rehbett (Lager)

Fegespur

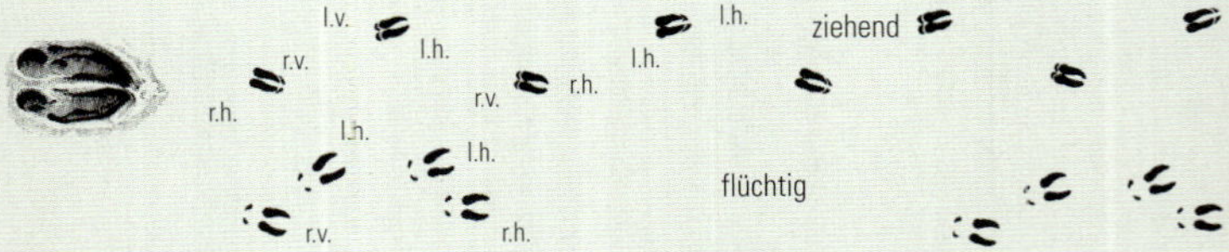

Wisent und urtümliche Rinder *Bison bison* u.a.

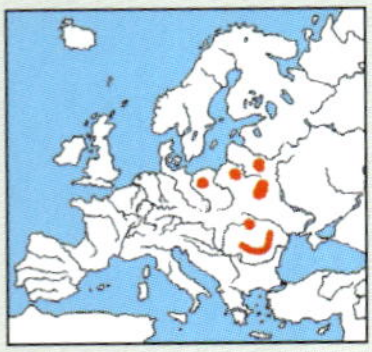

Merkmale: Großes, massiges Rind; KRL 250-350 cm, SL 50-80 cm, SH 180-195 cm, G 300-1000 kg (♂), ♀ leichter; massiger Vorderkörper, Brustkorb aber etwas kleiner als beim Amerikanischen Bison; dunkelbraunes, dichtes Fell.

Verbreitung: Wild lebend Anfang des 20. Jh. in EU ausgerottet; jetzt wieder frei lebende Bestände in Polen (Bialowieza und im SO), Russland (Westkaukasien) und Rumänien.

Lebensweise: Der tag- und nachtaktive W. ist ein Bewohner von Laub- und Mischwäldern mit sumpfigen und grasigen Lichtungen. Die Herden werden von Leitkühen geführt. Alte Stiere sind meist Einzelgänger und nur in der Brunftzeit bei der Herde.

Man unterschied 2 Unterarten, den Flachland-W. und den Kaukasus-W. Ihre letzten frei lebenden Vertreter wurden 1921 in Polen bzw. 1925 im Kaukasus geschossen. Die heutigen Bestände gehen auf 54 Tiere zurück, die bis 1924 in Gehegen überlebt hatten. Weil deren Unterart-Zugehörigkeit vielfach nicht geklärt ist und in einigen Fällen sogar amerikanische Bisons an der Zucht beteiligt wurden, ist der genetische Status der heutigen W. zweifelhaft. Aufgrund sehr kleiner Zuchtgruppen muss von einem hohen Inzuchtrisiko ausgegangen werden. Einige Krankheiten deuten bereits darauf hin.

Das Überleben freier W.-Populationen wird davon abhängen, ob es gelingt, sehr große Areale zu finden, wo W. ohne allzu große Konflikte mit der Landnutzung leben können. **RL! §!**

Amerikan. Bison

Wisent

Ur

Hausrind

Wasserbüffel

Verwandt: Der **Ur** oder **Auerochse** *Bos primigenius*, von dem das letzte Exemplar 1627 in Masuren gewildert wurde, ist die Stammform aller europäischer Hausrinderrassen. Die Ur-Stiere, die eine Widerristhöhe von 1,80 m erreichten, waren schwarz bis dunkelbraun gefärbt und trugen einen weißlich gelben Aalstrich, die Kühe hatten eine rötlich braune bis graue Fellfarbe. Das Flotzmaul war hell umrandet, die mächtigen, nach vorn gerichteten Hörner trugen schwarze Spitzen. In den 1930er-Jahren gelang es in den Zool. Gärten München und Berlin, durch Kreuzung primitiver Hausrinderrassen eine Rasse zu züchten, die dem Ur in vielen Merkmalen ähnelt.

Der **Haus-Wasserbüffel** stammt vom Vorderindischen Wasserbüffel oder Arni *Bubalus arnee* ab, bleibt aber mit einer SH von rund 1,50 m etwas kleiner als dieser. Er wird weltweit, u.a. in SO-EU und den Mittelmeerländern, gehalten.

Ungarisches Graurind ♂ (Hausrinderrasse)

Gämse *Rupicapra rupicapra*

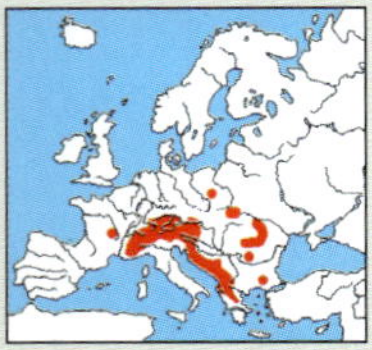

Merkmale: Ziegenähnlich; KRL 110-140 cm, SL 10-15 cm, SH 70-85 cm, G 22-62 kg (♂), 14-50 kg (♀); beide Geschlechter mit Hörnern; Fell im Sommer rötlich braun mit dunklem Aalstrich auf dem Rücken, im Winter mehr schwarzbraun; verlängerte Haare auf der Kruppe (»Gamsbart«).

Verbreitung: Alpen, Gebirge von SO- und S-EU, Kaukasus, Kleinasien; in verschiedenen Mittelgebirgen in und außerhalb von EU eingebürgert (in D im Schwarzwald und der Sächs. Schweiz).

Lebensweise: Als hervorragende Kletterer bewohnen G. offenes und felsiges Gelände. Die tagaktiven Tiere leben in Rudeln oder einzeln. Bei Beunruhigung warnen sie die anderen durch Aufstampfen mit den Füßen und heiseres Pfeifen. Ihre Nahrung besteht aus Gräsern, Kräutern, Knospen und Beerensträuchern, ihre natürlichen Feinde sind v.a. Luchs, Wolf und Adler.

Im Sommer leben G. oberhalb der Waldgrenze. Weibliche G. bilden zusammen mit Kitzen und Jährlingen große Rudel, Böcke leben in kleinen Gruppen oder allein. Einzelne Böcke beziehen auch Einstände im Wald, dort verhalten sie sich territorial und vertreiben andere Böcke.

Zur Brunft bei Wintereinbruch gesellen sich die Böcke zu den ♀-Rudeln. Sie imponieren, indem sie den sog. Bart, bis zu 25 cm langes Rückenhaar, aufstellen und so ihren Umriss optisch vergrößern. Es kommt zu heftigen Hetzjagden zwischen den Böcken, wobei Verfolger und Verfolgter mehrmals wechseln können. Diese Hetzjagden, oft bei tiefem Schnee, sind sehr Kräfte zehrend. Viele Böcke bezahlen die Verluste an Körperfett ausgangs des Winters mit dem Leben. Nach rund 6 Monaten Tragzeit bringen die Geißen jeweils 1 Kitz zur Welt, selten auch Zwillinge. Die Jungen werden etwa 6 Monate

Die sog. Jahresringe an den Gämsenhörnern erlauben eine genaue Altersbestimmung. Die ersten (oberen) 5 Wachstumsabschnitte sind deutlich größer als die folgenden.

gesäugt, mit 2 Jahren sind sie geschlechtsreif.

Wissenswertes: In den Ostalpen werden G. im Abstand von einigen Jahren immer wieder durch Räudeepidemien dezimiert. Die Erkrankung wird durch eine Grabmilbe verursacht, die sich in die Haut einbohrt und eitrige Entzündungsherde hervorruft. Seit Jahrzehnten verläuft die Räudegrenze entlang des Inntals. Westlich davon ist sie noch nicht aufgetreten. **§!**

Pyrenäengämse *Rupicapra pyrenaica*

FAMILIE HORNTRÄGER

Merkmale: Ähnlich der Gämse, aber schlankere Gestalt, längere Hörner, am Hals charakteristischer dunkler Strich von den Ohren bis zu den Vorderläufen .

Verbreitung: Pyrenäen, NW-Spanien, Zentral-Italien (Abruzzen).

Wissenswertes: Pyrenäen- und Abruzzengämse sind vermutlich die Restbestände der ersten Gämsen, die vor der letzten Eiszeit von Asien her in EU einwanderten. Die letzte Vereisung löschte alle Vorkommen außer jenen in S-EU aus, später führte eine zweite Einwanderungswelle zur Besiedlung der Alpen.

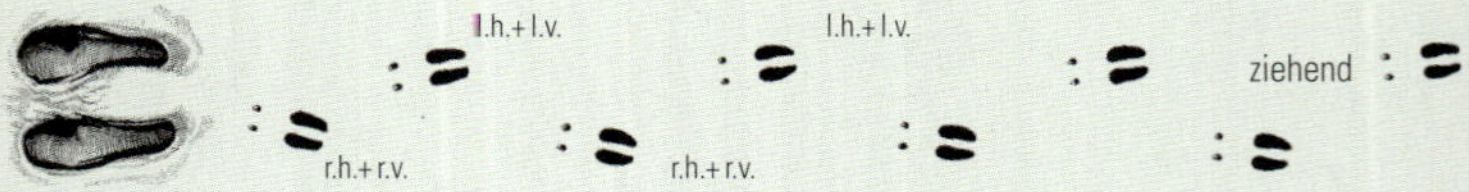

Moschusochse *Ovibos moschatus*

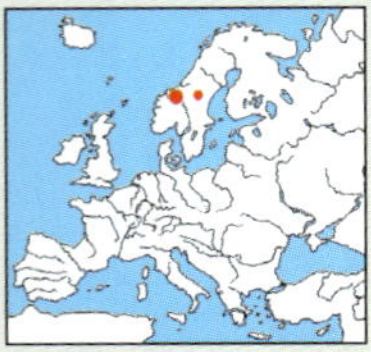

Merkmale: Größe wie kleineres Rind; durch lang herabhängendes, zottiges Fell sehr massig wirkend; KRL 200-250 cm, SL 6-17 cm, SH 90-150 cm, G 180-400 kg, ♂ größer und schwerer als ♀; Fellfärbung dunkelbraun mit hellerem Sattel auf dem Rücken, Beine gelblich grau; beide Geschlechter mit spitzen, hakenförmig nach vorn und oben zulaufenden Hörnern, die beim Bullen von einem mächtigen helmartigen Hornwulst als Stirnplatte überdeckt werden; kurzer Schwanz, große, spreizbare Hufe.

Verbreitung: Arktische Gebiete N-Amerikas u. Grönlands; im arktischen Eurasien nacheiszeitlich ausgestorben; erfolgreiche Wiedereinbürgerungen in Alaska, Russland, Spitzbergen (1929), S-Norwegen (Dovrefjell, 1932), von dort nach Schweden (Härjedalen) eingewandert.

Lebensweise: Die tag-, im Winter auch nachtaktiven Tiere leben in arktischen Tundrengebieten mit geringem Niederschlag und niedriger Schneedecke. Der Dauerfrostboden hält das dürftige Regenwasser und den geschmolzenen Schnee fest, sodass sich während der langen Sommertage eine für arktische Verhältnisse saftige Vegetation entwickeln kann, die den M. nahrhaftes Futter bietet: Gräser, Kräuter, Flechten, Moose, Zwergsträucher, Pilze und Triebe der Polarweide. Ab September ist der Tundraboden wieder schneebedeckt. Wenn eine verharschte Kruste das Scharren nach Gräsern erschwert, schlagen M. mit dem Kopf »Futterkrater« in den Schnee.

Im Winter leben M. in größeren Verbänden mit 100 und mehr Tieren, im Sommer in kleinen Gruppen. Während der Brunft im Mittsommer kommt es zu ausgedehnten Kämpfen zwischen gleich starken Bullen einer Herde oder zwischen Bullen verschiedener Gruppen. Die Kämpfe entscheiden über die Rangstellung innerhalb der Herde oder über den Besitz einer Haremsgruppe. Dem eigentlichen Kampf gehen Brüllen und Drohgebärden voraus. Zunächst reiben die Bullen mit ihren Voraugendrüsen am Boden oder am eigenen Vorderbein, um sich dann langsam und steifbeinig im

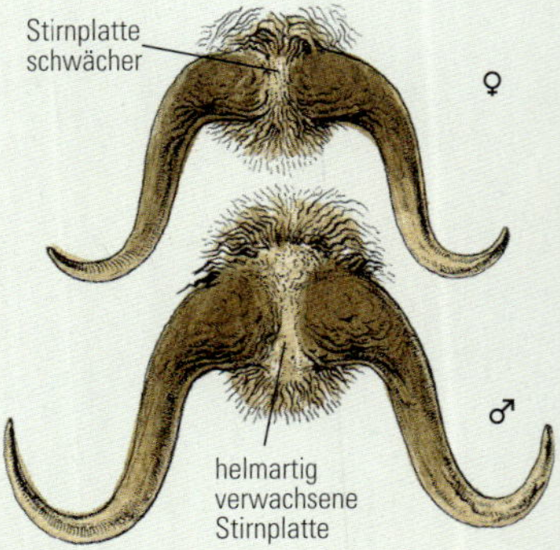

Parallelmarsch seitlich zum Gegner zu bewegen. In Frontalstellung treten beide dann, die Köpfe schwingend, langsam rückwärts, greifen aus einiger Entfernung im Galopp an, um krachend mit der gepolsterten Stirn zusammenzuprallen. Nach den bis zu 20-mal wiederholten Rammstößen schieben und haken sie mit ihren scharfen Hornspitzen. Die Paarungen finden von VII-IX statt. Nach ca. 8,5 Monaten Tragzeit wird in IV/V 1 Junges geboren, das schon nach 1 Stunde der Mutter folgen kann und bis zu 1 Jahr gesäugt wird.

Wissenswertes: Bei einem Angriff von Raubfeinden, z.B. Wölfen, bilden die Alttiere einen Verteidigungsring um die Kälber, der allerdings von erfahrenen Wolfsrudeln durch Scheinattacken durchbrochen werden kann. Dieses arttypische Verteidigungsverhalten wurde den M. zum Verhängnis, als der Mensch Jagd auf sie machte. Von Hunden umbellt, bildeten sie ihren Verteidigungsring, der es den Jägern ermöglichte, sich einer ganzen Herde auf Schussweite zu nähern, um sie komplett zu erlegen. **§!**

Alpensteinbock *Capra ibex*

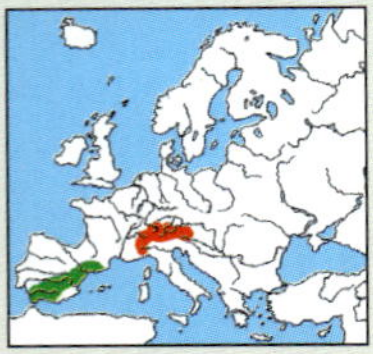

Merkmale: Etwa ziegengroß, aber kräftiger; KRL 75-170 cm, SL 12-15 cm, SH ♂ 85-94 cm, ♀ 70-78 cm, G ♂ 70-125, ♀ 40-50 kg; Böcke mit kurzem Bart; säbelförmig nach hinten gekrümmte Hörner, ♂ bis 100 cm, ♀ (Geiß) bis 35 cm.

Verbreitung: Gebirgsmassive von EU; Mitte des 19. Jh. nur noch 50-100 Tiere im Gran Paradiso (Aostatal/Italien); von dort Wiedereinbürgerung im Alpenraum. (In der Verbreitungskarte grün: Pyrenäen-Steinbock.)

Lebensweise: Der A. bevorzugt reich gegliederte, steile und felsige Hänge hoch über der Waldgrenze als Lebensraum. Er ist hervorragend an das Hochgebirgsleben angepasst. Seine große Körpermasse macht ihn kältehart. Mit seinen spreizbaren Hufen kann er sich an kleinsten Unebenheiten im Fels festklammern, die Hufsohle ist wie ein moderner Kletterschuh ausgebildet. Als Nahrung dienen den vorwiegend tagaktiven A. Kräuter, Gräser, Knospen, Triebe, Flechten und Moose. Die genügsamen Tiere kommen mit zähem Gras durch den Winter. Allerdings haben A. wegen ihres hohen Gewichts und der geringen Hufffläche mit tiefem Schnee ihre Schwierigkeiten. Im Winter sind sie auf steile, südseitige Hänge angewiesen, wo der Schnee abgleitet. Auf der Suche nach geeigneten Wintergebieten wandern A. bis zu 50 km weit an den Graten entlang. Felsfreie, bewaldete Täler überqueren sie kaum.

Außerhalb der Paarungszeit (XII/I) leben A. in getrennten Bock- und Geißverbänden. Nach einer Tragzeit von 165-170 Tagen bringen die Geißen, meist im Juni, jeweils 1, gelegentlich auch 2 Junge zur Welt, die der Mutter schon nach 1 Tag in den Fels folgen können und bis zum Herbst gesäugt werden.

Wissenswertes: Die vom A. bevorzugten Lebensräume finden sich am ehesten in den Zentral- und Südalpen. Welcher Teil der Alpen früher tatsächlich vom S. besiedelt war, ist nicht geklärt. In niederschlagsreichen (regenreichen) Gebirgen ist die Zuwachsrate gering. Wahrscheinlich kam der A. deshalb in den Nordalpen (Bayern) von Natur aus nie vor.

Der A. wurde im Mittelalter hemmungslos bejagt und gewildert, weil man seinem Blut, dem Horn und einem Herzknorpel magische Heilkräfte nachsagte. Sein Verhängnis war es, dass er nicht weit flüchtet, sondern nur Steilwände aufsucht, wo er sich sicher fühlt. Als Bogen und Armbrust durch weit reichende Pulverwaffen ersetzt wurden, ging es mit den A. rasch dahin. Nur im Gran Paradiso überlebte eine kleine Zahl, bewacht von den Wildhütern des italienischen Königs Viktor Emanuel III.

Aus jagdlichem Interesse sind A. in vielen Gebirgsstöcken ausgesetzt worden und leben heute wieder in großer Zahl (ca. 40000 Tiere) in den Alpen. Manche Kolonien sind allerdings isoliert oder in ungeeigneten Lebensräumen, andere haben eine geringe genetische Breite, weil sie von nur wenigen Tieren abstammen. **(RL), §!**

Ähnlich: **Pyrenäensteinbock** *Capra pyrenaica*, KRL 90-140 cm, G 30-80 kg; Hörner des ♂ meist leierförmig nach hinten, zur Spitze hin nach oben gebogen, weit ausladend; mit 3 Unterarten in isolierten Populationen in Felsregionen Spaniens, 4. U.Art in den Pyrenäen Ende 20. Jh. ausgestorben.

Mufflon *Ovis ammon*

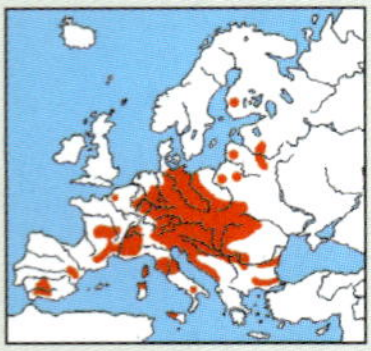

Merkmale: Schaftyp; KRL 110-130 cm, SL 4-8 cm, SH 65-80 cm, G 25-55 kg; im Unterschied zum Hausschaf anliegendes, kurzhaariges Fell; ♂ im Sommer kräftig rotbraun, im Winter schwarzbraun, meist mit hellem Rückenfleck (Sattel), starkes Gehörn, schneckenförmig nach vorn gedreht, Vollkreis mit ca. 8 Jahren; ♀ im Sommer bräunlich, im Winter graubraun, Gehörn nur kurz nach hinten gebogen oder fehlend.

Verbreitung: Sardinien und Korsika; aus jagdlichen Gründen in viele Gebiete von M.- und S-EU eingeführt.

Lebensweise: M. halten sich vorzugsweise in hügeligem Gelände auf. Sie sind nicht territorial. Die geselligen Tiere leben in Rudeln, die von einem alten Mutterschaf angeführt werden. Außerhalb der Brunftzeit bilden die Widder oft eigene Verbände. Die Nahrung der M. setzt sich aus Gräsern, Kräutern und Laub zusammen.

Im IV/V werden nach 5 Monaten Tragzeit die Lämmer geboren, die Säugezeit beträgt rund 4 Monate. Mit etwa 2 Jahren werden die Jungtiere geschlechtsreif.

Wissenswertes: Der Ursprung des M. ist umstritten. Einige Forscher halten die Art für eine verwilderte Form von Hausschafen. In die meisten Populationen sind zumindest heute Hausschafe und/oder Zackelschafe eingekreuzt worden. M. sind an trockenwarmes Klima und steinige bzw. sandige Böden angepasst. Auf feuchten, weichen Böden leiden sie häufig an Erkrankungen der Hufe (z.B. Moderhinke) oder am Auswachsen der Hufe wegen mangelnder Abnutzung. Bei älteren Widdern wachsen manchmal die Hornspitzen in den Hals ein, was zu schweren Wunden und schließlich zum Tod führt. M. haben bei uns praktisch keine natürlichen Feinde. Wo jedoch Luchse auf M. treffen, kommt es zu hohen Verlusten, oft zum Erlöschen der M.-Population. Offenbar sind M. besonders schlecht an natürliche Beutegreifer angepasst. Viele Forscher sehen in der Anfälligkeit des M. gegenüber Krankheiten und Beutegreifern eine Folge von früherer Domestikation.

Gehörnentwicklung beim Mufflon

M. sind ausgeprägte Grasfresser, d.h. genügsam in der Nahrungswahl. In der Forstwirtschaft können sie durch Abschälen der Rinde mit den Zähnen und durch Hörnerschlagen gegen Baumstämme erhebliche Schäden verursachen. **§!**

Ähnlich: **Bezoarziege** *Capra aegagrus,* ähnlich wildfarbenen Hausziegen; KRL 120-160 cm, G 25-80 kg; Fell rötlich grau, Hals und Widerrist schwarzbraun; langer Kinnbart, beide Geschlechter mit säbelförmigen, seitlich abgeflachten Hörnern; in Asien, Kreta und verschiedenen griechischen Inseln (dort möglicherweise ausgesetzt); in der Lebensweise ähnlich dem Alpensteinbock (⇨S.172); Stammform der Hausziege.

Waltiere

Die Ordnung umfasst die 2 Unterordnungen Bartenwale und Zahnwale mit zusammen rund 90 Arten. Die ständig im Wasser lebenden Wale stammen von landbewohnenden, schweineartigen Huftieren ab. Zahlreiche Organe, die nur an Land nützlich wären, z.B. Sinneshaare, Hautdrüsen, Ohrmuscheln, Beckenknochen und Hintergliedmaßen, sind bei den Walen stark rückgebildet, ihre Vordergliedmaßen sind zu Flossen umgewandelt. Die waagrecht liegende Schwanzflosse (Fluke) ist eine Neubildung des Bindegewebes ohne Skelettgrundlage. Anders als bei allen anderen Säugetieren liegen die Luft- und Speisewege des Kopfes getrennt, was eine ungehinderte Nahrungsaufnahme im Wasser ermöglicht. Dafür verschob sich die Nasenöffnung von der Schnauzenspitze zum Scheitelpol. Zahnwale haben meist schlanke Körper vom Delphintyp. Ihre Nasenöffnungen verschmolzen zu einem einheitlichen Blasloch. Bartenwale tragen im Oberkiefer ihres mächtigen Kopfes statt der Zähne Barten. Diese Hornplatten seihen mit reusenartig wirkenden Fransen und der Zunge vor allem Kleinkrebse (Krill) aus dem Meerwasser aus. Die Blas- und Nasenlöcher sind bei Bartenwalen getrennt.

Großer Tümmler

Buckelwal *Megaptera novaeangliae*

FAMILIE FURCHENWALE

Merkmale: KRL 14-17 m (♂), 15-19 m (♀), G 30000-45000 kg; sehr lange Flossen, die ⅓ der KRL erreichen können; an Kopf, Flossen und Fluke mit Tuberkeln (Beulen), auf denen oft Seepocken sitzen; von Kinn bis zum Nabel 12-36 Furchen; Oberseite blauschwarz bis schwarz, Unterseite weißlich, schwarz oder scheckig.
Verbreitung: Alle Ozeane bis zur Packeisgrenze.

Lebensweise: B. machen in Gruppen von 4-12 Tieren Wanderungen zwischen den polaren Meeren im Sommer u. tropischen bzw. subtropischen Meeren im Winter. Als Schluckfiltrierer ernähren sie sich von Krill (Kleinkrebsen) und Schwarmfischen. In den Überwinterungsgebieten kämpfen die ♂ um brünstige ♀ u. »singen« zur Partnerfindung. **A**
Ähnliche Art: ⇨S.187

Zwergwal *Balaenoptera acurostrata*

FAMILIE FURCHENWALE

Merkmale: Kleinster Furchenwal mit Durchschnittslänge von 8 m (♂) bis 8,20 m (♀) und einem Gewicht von selten mehr als 8 t; schmale Vorderflossen, sichelförmige Rückenflosse (Finne), tief gekerbte Fluke; Rückenfärbung dunkelgrau bis schwarz, Unterseite heller bis weiß.
Verbreitung: In küstennahen Regionen der gemäßigten Breiten aller Ozeane, auch vor polaren Treibeiskanten und in tropischen Gewässern.

Lebensweise: Die Einzelgänger führen keine ausgeprägten Wanderungen durch. Z. ernähren sich im N von Schwarmfischen wie Heringen und Kabeljau sowie von Kopffüßern. Die Tiere paaren sich im Spätwinter. Nach 10 Monaten Tragzeit wird ein Kalb von maximal 2,80 m Länge u. 300 kg Gewicht geboren, das 6 Monate gesäugt wird und mit 6-7 Jahren geschlechtsreif ist. **A**
Verwandte Art: ⇨S.187

Seiwal *Balaenoptera borealis*

FAMILIE FURCHENWALE

Merkmale: KRL ♀ bis ca. 14,5 m, ♂ bis 13,6 m, G bis 25 t; schlank; in jeder Kieferhälfte 300-400 Barten mit feineren Fransen als bei anderen Furchenwalen; von der Kehle bis zur Brust 50 kurze Furchen; sichelförmige Finne und gekerbte Fluke; Rücken u. Flanken dunkelgrau, Unterseite blass.
Verbreitung: Reiner Hochseebewohner, in allen Ozeanen vorkommend, meidet extreme Temperaturen; selten in Küstennähe.

Lebensweise: S. ernähren sich von schwarmbildenden Meerestieren wie winzigen Ruderfußkrebsen, kl. Schwarmfischen und Kopffüßern. Die schnellen Schwimmer leben in Gruppen von 3-5 Tieren, tauchen bis zu 300 m tief und 20 Minuten lang. Alle 2 Jahre wird nach 11,5 Monaten Tragzeit ein ca. 4,5 m langes Jungtier geboren. Seit 1979 stehen S. weltweit unter Schutz, ausgenommen in der Straße von Dänemark und vor Island. **A**

Finnwal *Balaenoptera physalus*

FAMILIE FURCHENWALE

Merkmale: Zweitgrößte Walart nach dem Blauwal (⇨S. 187), ♀ im N durchschnittlich 22 m lang (max. 27 m), ♂ 19 m; G bis zu 75 t; im vorderen Körperbereich asymmetrisch gefärbt, die dunkelgraubraune Rückenfärbung an der linken Körperseite kräftiger, sich weiter in den weißen Bauchbereich hineinziehend als auf der rechten Seite; rechter Unterkiefer, manchmal auch Teil des Oberkiefers weiß; auch die 240-475 Barten der rechten Seite im 1. Drittel weiß, die linken grau.
Verbreitung: Weltweit.

Lebensweise: F. meiden Küstenregionen und wandern monatelang von den nährstoffreichen kalten Gewässern des N und S in warme tropische Regionen zur Fortpflanzung. Sie ernähren sich hauptsächlich von Leuchtkrebsen, nehmen aber auch Schwarmfische und gelegentlich Kopffüßer auf. F. leben einzeln, in Paaren oder Gruppen bis zu 10 Tieren.
Wissenswertes: Durch Walfang wurden mehr als ¾ des F.-Bestands ausgerottet. Heute ist der F. nicht mehr unmittelbar vom Aussterben bedroht. **A**

Buckelwal

Zwergwal

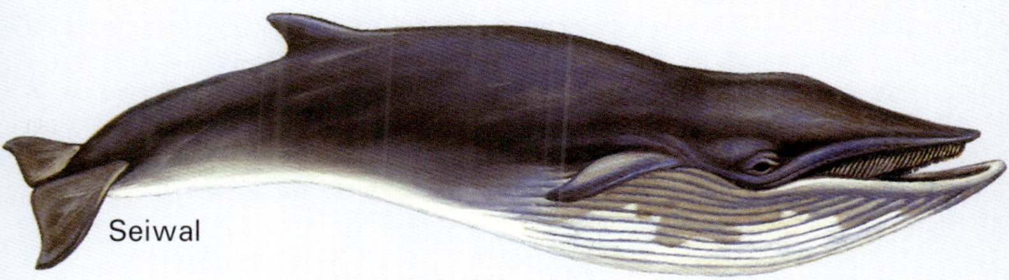

Seiwal

Vergleich: Rückenfinne Blauwal

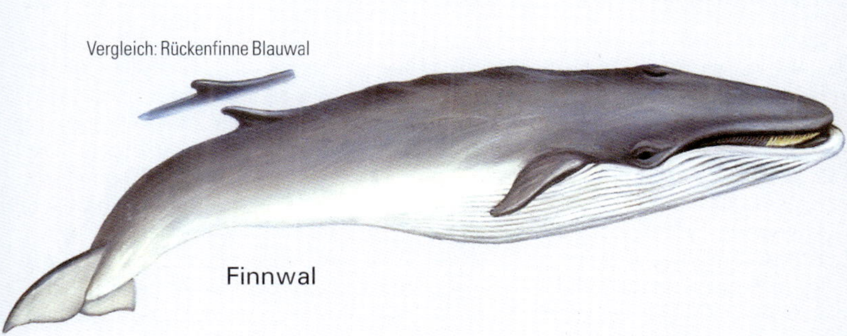

Finnwal

Nördlicher Entenwal *Hyperoodon ampullatus* FAMILIE SCHNABELWALE

Merkmale: Einer der größten Schnabelwale; ♂ bis knapp 10 m lang, ♀ gut 8,5 m, G 3500-5000 kg; langer, runder Körper, Kopf mit kurzem Schnabel; kleine, spitz auslaufende Vorderflossen, kleine, sichelförmige Finne, breite ungekerbte Fluke; Färbung braun bis dunkelgrau mit hellerer Kopf- u. Bauchpartie; nur ♂ im Unterkiefer 2 Zähne, bei geschlossenem Maul nicht sichtbar.
Verbreitung: In tiefen, kalten Gewässern des N-Atlantiks von der Davisstraße über Grönland bis EU.
Lebensweise: Die geselligen Tiere, die sich u.a. von Kalmaren, Seesternen und Tiefseefischen ernähren, sind wenig scheu. Dass sie häufig in der Nähe von Schiffen auftauchten, wurde ihr Verhängnis, viele fielen dem Walfang zum Opfer. Heute zählen sie zu den weltweit bedrohten Arten. **A**

Pottwal *Physeter macrocephalus* FAMILIE POTTWALE

Merkmale: Größter Zahnwal u. einziger Vertreter seiner Familie; ♂ bis über 20 m Länge, ♀ 11-13 m; G ♂ bis 45 t, ♀ bis 20 t; riesiger, im Profil fast rechteckiger Kopf; schmaler, unterständiger Unterkiefer mit 20-25 kegelförmigen Zähnen in jeder Kieferhälfte; Oberkiefer zahnlos; kleine, paddelförmige Vorderflossen; Fluke breit, tief gekerbt; Färbung dunkelgrau bis -braun, Lippen u. Mundhöhle rosa, hellgrauer Bauchfleck; v.a. ältere ♂ mit zahlreichen Narben v.a. am Kopf (von Kämpfen oder von Saugnäpfen großer Tintenfische).
Verbreitung: In allen Weltmeeren von Polargebieten bis zum Äquator; ♂ mehr in kälteren Meeren.
Lebensweise: P. jagen in Tiefen bis zu 1200 m nach Kalmaren (80% der Nahrung) und anderen Kopffüßern, Fischen und Krebstieren, die sie mit Ultraschall-Peilung aufspüren. Die ♀ gebären nur alle 4-6 Jahre nach 14-15 Mon. Tragzeit ein Junges. **A**

Gewöhnlicher Delphin *Delphinus delphis* FAMILIE DELPHINE

Merkmale: Stromlinienförmige Gestalt; KRL 2,4 m (♀) bis 2,6 m (♂); G 75-135 kg; relativ breiter Schnabel, der mit deutlicher Stirnbildung in eine ausgeprägte »Melone« übergeht; helle, sanduhrförmige Flankenzeichnung, Rücken vom Schnabel bis hinter die Rückenflosse (Finne) schwarz, Seiten des Hinterkörpers grauweiß, weißer Bauch.
Verbreitung: Weltweit in allen gemäßigten warmen bis tropischen Meeren.
Lebensweise: G.D. bewohnen die Hochsee ebenso wie flache Küstengewässer. Sie jagen Fische und Kopffüßer bis in Tiefen von 280 m. Sie können riesige Schulen bis mehrere Tausend Individuen bilden. G.D. bringen bewegungslose Artgenossen zur Wasseroberfläche. Durch diese angeborene Reaktion auf einen Schlüsselreiz (lebloser, delphingroßer Gegenstand im Wasser) haben sie auch schon Menschen gerettet. **A**

Großtümmler *Tursiops truncatus* FAMILIE DELPHINE

Merkmale: Typische Delphingestalt; KRL 2-4 m, G 90-650 kg; einfarbig grau mit hellerer, leicht rötlicher Unterseite; kräftiger, mittellanger Schnabel.
Verbreitung: Weltweit in gemäßigten u. tropischen Meeresgebieten, meist in Küstennähe, auch in Teilen des Nordatlantks und in Binnenmeeren wie Mittelmeer und Schwarzes Meer.
Lebensweise: Die aktiven, kräftigen Schwimmer verbringen viel Zeit mit Schwimm- u. Springspielen. Auf den Bugwellen großer Schiffe lassen sich G. oft kilometerweit ohne Kraftanstrengung tragen. Die großen Schulen von mehreren hundert Individuen sind keine Sozialverbände, sondern können ständig fluktuieren. Fische u. Tintenfische werden in bis zu 600 m Tiefe gefangen. Paarungen finden von Frühjahr bis Herbst statt. Alle 2-3 Jahre gebären die ♀ nach 12 Monaten Tragzeit ein 1-1,3 m langes Junge, das 18 Monate gesäugt wird u. mit 6-12 Jahren geschlechtsreif ist. **RL! §! A**
Verwandt: Der **Schwertwal** oder **Orca** *Orcinus orca*, KRL 7-9 m (Abbildung ⇨Faltblatt), kommt regelmäßig vor der Atlantikküste von EU vor. **A**

Nördlicher Entenwal

Pottwal

Gewöhnlicher Delphin

Großtümmler

Weißseitendelphin *Lagenorhynchus acutus* FAMILIE DELPHINE

Merkmale: KRL 2,5-3m, G 180-250 kg; kräftig gebaut; lange, schlanke Vorderflossen; große, sichelförmige u. sehr spitze Rückenflosse; in Ober- u. Unterkiefer beiderseits je 30-40 Zähne; Färbung oberseits schwarz, unterseits bis zum Schwanzstiel weiß; dazwischen graue Flanken mit weißer und gelblicher Fläche, die gegeneinander deutlich abgegrenzt sind.

Verbreitung: Im N-Atlantik, gehäuft am Kontinentalschelf-Abhang in Wassertiefen von 40-270 m und bei Wassertemperaturen von 9-15 °C.

Lebensweise: Die geselligen Tiere sind springfreudige Schnellschwimmer, die sich hauptsächlich von Schwarmfischen wie Heringen, Makrelen, Stinten u. Seehechten ernähren. Einzel- und Massenstrandungen von W. kommen häufig vor. **A**

Weißschnauzendelphin *Lagenorhynchus albirostris* FAMILIE DELPHINE

Merkmale: KRL 2,5-3 m, G 150-350 kg; weiße, gedrungene Schnauzenpartie; lange, spitz zulaufende Vorderflossen; große sichelförmige Rückenflosse (Finne); tief gekerbte Fluke; in jeder Kieferhälfte 22-27 kegelförmige Zähne; Färbung sehr variabel, auf der Rückenmitte immer dunkel.

Verbreitung: Küstenregion des Nordatlantiks vom NO der USA über Grönland bis zur Nordsee; bevorzugt am Abhang des Kontinentalschelfs.

Lebensweise: W. ernähren sich von Fischen (v.a. Dorsch u. Hering) sowie Wirbellosen, besonders Kopffüßern und Krebsen. Die Tiere leben in Schulen unterschiedlicher Größe. Sie vollführen gern hohe Sprünge, um danach laut auf der Wasseroberfläche aufzuklatschen. Die Jungen werden mit einer Länge von rund 1,5 m und 40 kg Gewicht geboren. Die großen Geburtsmaße sind wohl eine Anpassung an den kalten Lebensraum. **A**

Rundkopfdelphin, Rissodelphin *Grampus griseus* FAMILIE DELPHINE

Merkmale: KRL 3-4 m, G 300-600 kg; plumper Kopf ohne Schnabel; durch den sich am Ende nach oben biegenden Mundspalt »lächelnder« Gesichtsausdruck; Oberkiefer ganz ohne Zähne, im Unterkiefer jeweils 7 Zähne in jeder Hälfte; Färbung hellgrau bis weißlich mit weißlicher Kehle; Rücken und Flanken meist von hellen Kratzspuren übersät; hohe, spitze, haifischartige Rückenflosse (Finne).

Verbreitung: Alle tropischen und warm-gemäßigten Meere einschließlich der Binnenmeere Nord- und Ostsee sowie Mittelmeer.

Lebensweise: Die geselligen R. leben in Gruppen von 50-100 Tieren, die sich zuweilen zu Schulen von über 4000 Individuen zusammenschließen. R. fressen hauptsächlich Kalmare u.a. Kopffüßer, daneben auch Fische (Reduktion der Zahnzahl wohl Anpassung an relativ weiche Beute). **A**

Weißwal, Beluga *Delphinapterus leucas* FAMILIE GRÜNDELWALE

Merkmale: KRL 4,5-5,5 m (♂), 3-3,5 m (♀), G 1000-1500 kg (♂), 400-1000 kg (♀), gedrungene Gestalt, runder Kopf, deutliche »Melone« und gut abgesetzte Lippen, ausgeprägte Gesichtsmimik; Färbung erwachsener Tiere rein weiß; Jungtiere schiefergrau bis dunkelbraun; kleine, rundliche Vorderflossen; fehlende Finne durch kleine, dachkantenartige Erhebung ersetzt.

Verbreitung: Arktische bis subarktische, i.d.R. eisfreie Gewässer rund um den Nordpol, im Sommer in flachen Küstengewässern, z.T. auch mehrere Tage lang in Süßwasserbereiche größerer Flüsse einschwimmend.

Lebensweise: W. ernähren sich von einer Vielzahl an Fischarten, Kopffüßern und Krebstieren sowie Zooplankton, das sie evtl. ansaugen (stark verformbarer Mund!). Als »Gründelwale« suchen sie ihre Nahrung in Bodennähe. Die sozialen Tiere leben oft in großen Gruppen, wobei die ♀ neben dem jüngsten Kalb oft noch bis zu 2 ältere Geschwister mitführen und verteidigen. **A**

Weitere Art: ➪ S.187

Weißseitendelphin

Weißschnauzendelphin

Rundkopfdelphin

Weißwal

Schweinswal *Phocoena phocoena*

Merkmale: Kleiner Wal mit rundlichem Kopf ohne Schnabelbildung; KRL 1,20-1,50 m (♂), 1,30-1,80 m (♀); niedrige, dreieckige Rückenflosse (Finne); braungraue Oberseite, helle Unterseite.

Verbreitung: In küstennahen kühleren Gewässern der Nordhalbkugel; im Atlantik in Küstenregionen von W-Afrika bis zur Davisstraße und Island, im Pazifik Küsten von der Baja California bis Alaska; Ost- und Nordseeraum; isolierte Populationen im Schwarzen und Asowschen Meer.

Lebensweise: S. leben einzeln oder in kleinen Gruppen bis zu 10 Tieren. Am häufigsten schwimmen sie zu zweit. Zwischen Müttern und ihren Kälbern sowie in der Paarungszeit zwischen ♂ und ♀ gibt es eine enge Bindung. Die Tiere schwimmen mit langsamen, »rollenden« Bewegungen und vermeiden es im Gegensatz zu anderen Delphinen, aus dem Wasser zu springen. Nachts ruhen S. gewöhnlich an der Wasseroberfläche.

Nach einer Tragzeit von 10-11 Monaten werden, meist zwischen V und VII, die Jungen geboren. Dazu wandern die trächtigen ♀ dicht an die Küste. Wie bei allen Walen kommt das Kalb mit dem Schwanz voran auf die Welt – so kann die Nabelschnur nicht zu früh reißen, die Schwanzflosse sich festigen und das S.-Baby gleich zum Luftholen an die Meeresoberfläche schwimmen. Ein Neugeborenes ist 70-90 cm groß und wiegt 5-7 kg. 8 Monate lang wird es gesäugt. Die ♀ sind mit 1,5 Jahren, die ♂ mit 3 Jahren geschlechtsreif. Die durchschnittliche Lebenserwartung der S. liegt bei 9, das Höchstalter bei 14 Jahren.

S. ernähren sich hauptsächlich von Fischen, v.a. Hering, Makrele, Wittling u. Kabeljau. Mit Beutetieren über 25 cm haben S. mitunter Schwierigkeiten. Pro Tag fressen erwachsene S. ca. 2 kg Fisch.

Wissenswertes: Delphine orientieren sich mit einer Art Echoortung. Sie senden Schallwellen aus, die zurückgeworfen werden und ihnen ein akustisches Bild vom Meeresboden, der Küste, Nahrungstieren u. möglichen Feinden liefern. S. wie auch andere Zahnwale erzeugen als Tonmuster eine Folge von Klicks, kurzen Schallimpulsen, die sowohl nieder- (2000 Hertz) als auch hochfrequente (110000-150000 Hertz) Töne umfassen. Die Klicks entstehen vermutlich beim Zirkulieren der Luft in den Nasensäcken, die als paariges, verzweigtes System den Nasengang unter dem Blasloch umgeben. Die sog. Melone bei vielen Zahnwalen, eine Art Fettlinse vor dem Gehirn, richtet und bündelt vermutlich den Schall.

Die moderne Fischerei stellt die größte Gefährdung für S. dar. Die Tiere verheddern sich in den Netzen, die sie nicht orten können, ertrinken oder verletzen sich schwer. Als sog. Beifang werden sie tot oder sterbend über Bord der Fischereischiffe geworfen. Allein in der zentralen und südl. Nordsee sterben jährlich 7000 S. in den Stellnetzen der Fischer. Auch Schadstoffe im Meer oder dröhnende Schiffsmotoren und Bohrinseln schädigen oder vertreiben S. Ausgewiesene Walschutzgebiete im Meer können den Tieren helfen. **RL, §! A**

Freilassen eines geretteten Schweinswals

Ähnliche Arten zu folgenden Seiten:

14 **Maskenspitzmaus** *Sorex caecutiens:* Aussehen und Lebensweise ähnlich Waldspitzmaus, aber viel kleiner; Fell zweifarbig, oben braun, unten weißlich; lebt in Taiga- und Tundrenzonen in N-Norwegen, Finnland, O-Polen, nach O bis Sibirien, Mongolei und Japan.

14 **Iberische Waldspitzmaus** *Sorex granarius:* ähnlich Wald- und Schabrackenspitzmaus, aber kleiner, kürzere Schnauze; lebt in Gebirgen Mittelspaniens.

14 **Taigaspitzmaus** *Sorex isodon:* ähnlich Waldsp., dunkle Körperoberseite, etwas hellere Bauchseite; in feuchten Nadel- und Mischwäldern, in Moorgebieten und an Gewässerufern; N- und O-EU bis O-Sibirien, N-China.

14 **Italienische Waldspitzmaus** Sorex *samniticus:* in Aussehen und Lebensweise ähnlich der Waldspitzmaus, aber kürzerer Schwanz; in Italien bis in 1200 m Höhe, z.T. gemeinsam mit Waldsp. vorkommend.

14 **Knirpsspitzmaus** *Sorex minutissimus:* ähnlich Schabrackensp., kleiner als Zwergsp.; kurzer Schwanz oben braun, unten hellgrau; nördl. Eurasien, von N- und O-EU bis O-Sibirien, Sachalin, Japan; in Taiga, z.T. in Tundrenzone.

18 **Kanarenspitzmaus** *Crocidura canarensis:* ausschließlich auf den östlichen Kanaren (Fuerteventura, Lobos, Lanzarote, Mt. Clara); sehr ähnlich Siziliensp.

18 **Osorio-Spitzmaus** *Crocidura osorio:* ähnlich Feldsp., sehr nah mit der Hausspitzmaus verwandt, jedoch Unterschiede in der Chromosomenzahl sowie in Aussehen, Ökologie, Stimme und Verhalten; lebt im feuchten, immergrünen Wald im N von Gran Canaria.

18 **Sizilienspitzmaus** *Crocidura sicula:* ähnlich Haussp., auf den sizilianisch-maltesischen Inseln in Siedlungsnähe, in Acker- und offenem Brachland. Foto ⇨ Seite 2

18 **Kretaspitzmaus** *Crocidura zimmermanni:* in Aussehen und Lebensweise ähnlich der Hausspitzmaus; auf Kreta, jedoch selten und nur lokal verbreitet.

20 **Blindmaulwurf** *Talpa caeca:* sehr ähnlich dem Maulwurf; kleiner, kurzschwänziger; nackter Schnauzenteil länger und schmaler; winzige Augen von Häutchen verschlossen; nicht so tief grabend, wirft kleinere Hügel auf; Iberische Halbinsel, S-Frankreich, N-Italien, ehem. Jugoslawien, Griechenland, Kleinasien, Kaukasus.

20 **Spanischer Maulwurf** *Talpa occidentalis:* wegen morphologischer Ähnlichkeit früher als Unterart des Blindmaulwurfs geführt, aber genetisch unterschiedlich von allen anderen *Talpa*-Arten; nur in Portugal u. Spanien.

20 **Römischer Maulwurf** *Talpa romana:* sehr ähnlich dem Maulwurf, etwas größer, Rüssel länger, Schnauzenspitze unbehaart; Augen durch Häutchen verschlossen; Italien (auf Sizilien wahrscheinlich ausgestorben).

20 **Balkanmaulwurf** *Talpa stankovici:* früher als Unterart des Römischen Maulwurfs beschrieben; lebt auf dem Balkan westlich vom Fluss Vardar, in NO-Griechenland, Albanien und Korfu.

42 **Madeirafledermaus** *Pipistrellus maderensis:* nur auf Madeira und den Kanarischen Inseln (Teneriffa, La Gomera, La Palma, El Hierro); offensichtlich kein Winterschlaf; ähnelt der Zwergfledermaus; Verwechslung mit Weißrandfledermaus (hellerer Rücken) möglich.

44 **Azorenabendsegler** *Nyctalus azoreum:* Körperbau und Färbung ähnlich Kleiner Abendsegler; etwas kleiner; nur auf den Azoren (7 von 9 Inseln; Flores unsicher, Corvo ohne Nachweis); jagt auch tagsüber.

46 **Bottas Fledermaus** *Eptesicus bottae:* etwas kleiner als Breitflügelfledermaus, Schwanz im Verhältnis länger; Ohren kürzer u. schmaler, Fell dichter und seidiger; anatolische Küstenregionen von Ägäis und Mittelmeer.

48 **Kanaren-Langohrfledermaus** *Plecotus teneriffae:* Färbung ähnlich dem Grauen Langohr, aber größer als die beiden anderen Langohr-Arten; ausschließlich auf den Inseln Teneriffa, La Palma, El Hierro, wahrscheinlich auch La Gomera; unbekannt, ob Winterschlaf.

56 **Kaphase** *Lepus capensis:* etwas kleiner als Feldhase (KRL 44-55 cm); Grundfarbe mehr gelblich grau, insbesondere an den Flanken; rötlich grauer Nacken; Ohrlänge 85-130 mm; in Afrika außerhalb des Waldes; in EU nur auf Sardinien.

56 **Andalusischer Hase** *Lepus granatensis:* früher als Form des Kaphasen, heute als eigene Art betrachtet; ausschließlich auf der Iberischen Halbinsel und auf Mallorca; auf Ibiza ausgestorben.

56 **Castroviejo-Hase** *Lepus castroviejoi:* ähnlich Feldhase; ausschließlich auf der Iberischen Halbinsel, und zwar nur im Hochland des Kantabrischen Gebirges (N-Spanien) in einem schmalen Streifen von 230 km Länge und 25-40 km Breite vorkommend.

56 **Korsikahase** *Lepus corsicanus:* früher als Unterart des Feldhasen betrachtet, ähnlich Castroviejo-Hase; ausschließlich in Zentral- und S-Italien sowie auf Sizilien; im 16. Jh. auf Korsika eingebürgert, in den 1990er-Jahren dort wahrscheinlich wieder ausgestorben.

66 **Burunduk** *Tamias sibiricus:* kleines, tagaktives Hörnchen (KRL 12-17 cm) mit 5 dunkelbraunen Längsstreifen auf bräunlichem bis ockerfarbenem Rücken; natürliches Areal in der Taigazone von N-Russland und Sibirien; Populationen in Frankreich, den Niederlanden, Deutschland, Österreich und Italien auf entlaufende Exemplare zurückgehend.

72 **Kanadabiber** *Castor canadensis:* sehr ähnlich dem Europäischen Biber, etwas größer und dunkler; pro Wurf größere Anzahl an Jungen.

74 **Zwerghamster** *Cricetulus migratorius:* knapp feldmausgroß, Fell ohne Muster, oberseits grau bis sandfarben, unterseits weißlich bis hellgrau; KRL 9-11 cm; G 25-36 g; Steppengebiete Eurasiens von SO-EU bis Mongolei und Sinkiang, südwärts über Kleinasien bis Palästina, Iran und Pakistan.

78 **Graurötelmaus** *Clethrionomys rufocanus:* ähnlich Rötel- und Polarrötelmaus; größte Art der Gattung (KRL 9-13,5 cm); von N-EU ostwärts bis Japan.

78 **Polarrötelmaus** *Clethrionomys rutilus:* ähnlich Rötel- und Graurötelmaus; KRL 7,5-11 cm, Rücken intensiver rot als bei Rötelmaus; klettert sogar auf Bäume; NO-EU ostwärts bis O-Asien und Tundrazone N-Amerikas.

84 **Pyrenäen-Kleinwühlmaus** *Microtus gerbei:* ähnlich der Mittelmeer- und der Italienischen Kleinwühlmaus; ausschließlich im westlichen Mittelmeerraum, in Zentral- und SW-Frankreich nördlich der Loire, in den Pyrenäen und im östlichen Katabrischen Gebirge; auf Bergmatten, in Kalksteingebieten, Laubwaldrandzonen, Wiesen, Parks.

84 **Iberienwühlmaus** *Microtus lusitanicus:* ähnlich der Mittelmeer- und Pyrenäen-Kleinwühlmaus; Rücken dunkel, Unterseite silbergrau; nur in einem kleinen Dreieck auf der Iberischen Halbinsel mit Portugal, Spanien und SW-Frankreich.

84 **Italienische Kleinwühlmaus** *Microtus savii:* etwa so groß wie Kurzohrmaus; Ohren und Schwanz kürzer; Italienische Halbinsel und Sizilien bis südliches Tessin, äußerstes SO-Frankreich.

84 **Felten-Kleinwühlmaus** *Microtus felteni:* sehr ähnlich der Italienischen Kleinwühlmaus; endemisch in Serbien, Mazedonien, N-Griechenland und Albanien.

84 **Bayerische Kleinwühlmaus** *Microtus bavaricus:* etwas größer als die Kurzohrmaus; bisher nur in den Bayerischen Alpen (heute dort evtl. ausgestorben) und in Tirol nachgewiesen. **RL! §!**

84 **Tatrawühlmaus** *Microtus tatricus:* langhaariges Fell, am Rücken dunkel rostbraun; nur in den Karpaten in der Slowakei, in Polen, der Ukraine und in Rumänien. **§!**

84 **Balkan-Kurzohrmaus** *Microtus thomasi:* relativ groß (KRL 8,7-11,5 cm), kurzschwänzig, Rückenfärbung variabel; ähnlich Mittelmeer-Kleinwühlmaus; SW-Balkan von Herzegowina über Montenegro bis Griechenland, Peloponnes, Euböa und wahrscheinlich Albanien.

86 **Bergmaus** *Dinaromys bogdanovie:* langschwänzig, weiches Fell; ähnlich Schneemaus; in Karstgebieten der Adria vom Küstenbereich bis in 2200 m Höhe.

86 **Bukowinische Blindmaus** *Spalax graecus:* sehr begrenzte Verbreitung in einem kleinen Gebiet in der Ukraine und in Rumänien. **§!**

90 **Alpenwaldmaus** *Apodemus alpicola:* begrenzt auf nördliche und Zentralalpen in Frankreich, der Schweiz, Deutschland, Italien, Österreich; ähnlich der Gelbhalsmaus, mit ihr und der Waldmaus gemeinsam vorkommend. **(RL), §!**

90 **Felsenmaus** *Apodemus mystacinus:* ähnlich Gelbhalsmaus, Waldmaus oder junger Ratte; westliche und südliche Balkanländer, ägäische und ionische Inseln, von Adria-Inseln nur Korcula und Mljet, Türkei, Kaukasus bis Ural, Kleinasien südlich bis Israel.

90 **Zwergwaldmaus** *Apodemus microps:* kleiner als die Waldmaus, Körperoberseite grau, scharf abgesetzt von weißer Unterseite; gelblicher Kehlfleck nicht immer deutlich ausgebildet, fast stets kleiner als bei der Waldmaus; O-EU, Türkei; offenes, trockenes Gelände, auch lichte Wälder; Lebensweise ähnlich der Waldmaus, ruhiger, weniger beweglich und schreckhaft als die größeren Verwandten.

94 **Balkanhausmaus** *Mus macedonicus:* in Makedonien, europ. Teil der Türkei, Bulgarien, Griechenland.

94 **Ährenmaus** *Mus spicilegus:* sehr ähnlich der Östlichen Hausmaus; ganzjährig außerhalb von Gebäuden lebend; nur von SO-EU bekannt, vom Neusiedler See und der südl. Slowakei bis zur Ukraine, kl., isolierte Population in Montenegro, Albanien, NW-Griechenland.

94 **Heckenhausmaus** *Mus spretus:* etwas kleiner als Hausm.; Portugal, Spanien, S-Frankreich, N-Afrika.

98 **Mausschläfer** *Myomimus roachi:* hausmausgroß ohne Bilchzeichnung; KRL 8-13 cm, SL 9 cm; südöstliche Balkanhalbinsel und Westanatolien; in offenen, steppenartigen Landschaften mit Gebüsch, auch trockenes Kulturland.

100 **Steppenbirkenmaus** *Sicista subtilis:* sehr ähnlich Waldbirkenmaus, Schwanz um ca. 1/3 länger als KR; bevorzugt in offenen Landschaften vom äußersten O Österreichs über Ungarn, Rumänien, S-Russland bis Baikalsee.

156 **Weißwedelhirsch** *Odocoileus virginianus:* etwa damhirschgroß, ähnlich Rothirsch; Schwanz relativ lang und breit, oberseits braun mit weißem Rand, unterseits weiß; beim Flüchten aufgestellt, zusammen mit weißem Spiegel weithin sichtbare Signalwirkung; Geweihstangen an der Basis nach rückwärts gerichtet, im weiteren Verlauf nach vorn gedreht.

164 **Chinesisches Wasserreh** *Hydropotes inermis:* einzige in EU eingeführte Hirschart ohne Geweih; KRL 75-105 cm, G 12-22 kg; ♂ mit ca. 8 cm langen, hauerartigen Eckzähnen im Oberkiefer; heimisch in China u. Korea, eingeführt in England u. Frankreich; Nahrung ähnlich Reh.

178 **Grönlandwal** *Balaena mysticetus:* KRL 15-20 m, G 60-90 t; Kopf bis zu 40 % der Gesamtlänge; lebt von Krill; stets nahe der Eisgrenze der Arktis (auch zum Gebären); einzeln oder in kleinen Familiengruppen, auch mit Weiß- oder Narwalen vergesellschaftet. **A** (Zeichnung ⇨Faltblatt)

178 **Blauwal** *Balaenoptera musculus:* KRL 25-35 m, G 80-130 t; größtes jemals auf Erden existierendes Tier; wird 30-50 Jahre alt; lebt von Krill; jahreszeitlich zwischen kalten, polnahen Gewässern als Nahrungsgründe und äquatornahen flachen Meeresbuchten zum Kalben wechselnd; kl. Gruppen von 3-4 Tieren, manchmal in größeren Verbänden. **A** (Zeichnung ⇨Faltblatt)

182 **Narwal** *Monodon monocerus:* KRL 4,5-6,6 m, G 800-1800 kg; ♂ mit langem, spiralig gewundenem »Stoßzahn« im Unterkiefer (von dem man füher annahm, er stamme vom sagenhaften Einhorn); N. leben von Tintenfischen, Platt- und anderen Bodenfischen; in kleinen Gruppen in Fjorden und in der Pack- und Treibeisregion des hohen Nordens. **A**

Register

der Arten

A. = Ausfalttafel

Bildquellen

Beispiel der Bildzählung:

<table>
<tr><td rowspan="2">1</td><td>2</td></tr>
<tr><td>3</td></tr>
<tr><td>4</td><td>5</td></tr>
</table>

Fotos: Die Ziffer vor dem Punkt bedeutet die Seite im Buch, die Ziffer nach dem Punkt die Bildposition auf der Seite. Die Zählung auf einer Seite läuft mit den Arten von links nach rechts und von oben nach unten.

M. Danegger: 54/55, 69.1, 69.2, 69.3, 109.1, 121.3, 127.3, 161.2, 165.3, 169.1, 169.2, 169.3; **J. Gebhard:** 41.4, 41.5; **E. Grimmberger:** 19.3, 19.4, 19.5, 29.3, 29.4, 31.5, 31.6, 33.1, 33.2, 37.1, 39.2, 43.2, 53.1, 85.3, 89.3, 89.4, 91.1; **T. Grüner:** 23.1; **G. Hau:** 147.1, 147.2; **F. Hecker:** 13.5, 15.2, 15.3, 79.1, 89.5, 110, 131.2, 139.2, 155.2, 172; **E. Hortig:** 125.2; **B. Hussel:** 184; **E. Hüttenmoser:** 87.1, 131.1, 161.1; **R. König:** 12.2, 23.2, 23.3, 101.2, 156, 159.3; **A. Maywald:** 21.5, 143.2, 144, 145.1, 176/177, 185.1, 185.2; **F. Möllers** 123.1; **H. Reinhard:** 3.2, 59.1, 67.1. 73.1, 109.2, 115.1, 115.2, 123.2, 125.1, 129.1, 129.2, 141.1, 141.2, 146, 147.3, 155.1, 158, 159.4, 161.3, 165.1, 165.2, 170, 171.1, 171.2, 173.2, 175.1, 175.2; **K. Richarz:** 48, 73.3; **K. Rudloff:** 100.1, 103.1, 174; **R. Schmidt:** 104/105; **H. Schrempp:** 78.4, 112.1, 126.3, 135.1; **G. Schumann:** 125.3; **K. Schwammberger:** 15.4, 17.2, 17.3, 19.6, 77.2, 85.1, 85.2, 85.4, 87.2, 93.2, 95.1, 95.2, 98, 101.1; **J. Tébar:** 135.2, 139.3; **P. Vogel:** 2, 15.1, 19.7; **W. Willner:** 9.1, 167.1; **K. Wothe:** 5.1, 59.2, 59.4, 67.2, 77.1, 111.1, 111.2 ; **W. Zepf:** 173.1; **J. Zimmermann:** 143.1, 145.2, 152/153, 163.3; **D. Zingel:** 107.
Alle anderen Fotos sind von **A. Limbrunner**.

Die Grafiken
des Bestimmungsteiles zeichneten **S. Walentowitz** und **F. Wendler**, die Grafiken des Faltblattes **Helmut Diller** (2 Motive), der auch die Vorlage zur Vignette auf dem Innentitel (S.1) schuf, **Günther Marks** (26 Motive), **Steffen Walentowitz** (4 Motive) und **Fritz Wendler** (die Waltiere der letzten Faltblattseite). Die Wiedergabe der Faltblattmotive von H. Diller und G. Marks erfolgt mit freundlicher Genehmigung des Verlagshauses Stuttgart (VS) aus dem »Bildlexikon der Tiere«, Lexikographisches Institut, München. Einbandklappe: **Eva Sixt** (nach The Natural History of Strews)

Der Autor Dr. Klaus Richarz, geboren 1948, leitet seit 1991 die Staatliche Vogelschutzwarte für Hessen, Rheinland-Pfalz und das Saarland. In zahlreichen Gremien engagiert er sich auf nationaler und internationaler Ebene für Arten- und Biotopschutz – nicht nur für Vögel.

Der Wildbiologe Ulrich Wotschikowsky, geboren 1940, Mitarbeiter des Vereins für Arten-, Umwelt- und Naturschutz (Vauna), ergänzte die Texte jagdbarer sowie einiger geschützter Säuger um aktuelle Verbreitungs- und Bestandshinweise bzw. um den Stand von Wiedereinbürgerungsversuchen.

STEINBACHS NATURFÜHRER:

Klaus Richarz: LANDVÖGEL
Bruno P. Kremer: BÄUME
Bruno P. Kremer: WILDBLUMEN
H. Bellmann: SCHMETTERLINGE
Helmut und Renate Grünert: PILZE
O. u. U. Medenbach: MINERALIEN
Andreas Schulz: STERNE
B. P. Kremer: STRAUCHGEHÖLZE
Heiko Bellmann: INSEKTEN
Anne Puchta: WASSERVÖGEL
Xaver Finkenzeller: ALPENBLUMEN
Klaus Richarz: SÄUGETIERE

2., unveränderte Auflage

Wollgrasweg 41, 70599 Stuttgart (Hohenheim)
Internet: www.ulmer.de
E-Mail: info@ulmer.de

Projektleitung, Bildredaktion, Buchgestaltung und DTP: Gunter Steinbach
Textredaktion: Dr. Helga Hofmann
Reproduktionen: Artilitho, Trento
Druck: Alcione, Trento; Bindung: Ecoprint, Lavis, Trento

Printed in Italy

ISBN 3-8001-4294-5